体罰ゼロの

ポチパパ流

犬のしつけ大全

お困り行動解決編

ポチパパ・ドッグメンタリスト
北村紋義

KADOKAWA

はじめに

愛犬と幸せにくらしている飼い主さんでも、日常の中には犬の問題行動はもちろん、小さな悩みごとが何かしらあるようです。なぜ、このようなお困り行動が起きるのでしょうか？

僕は動物保護活動を行いながら、YouTubeの「ポチパパちゃんねる【保護犬達の楽園】」で犬たちの問題行動の改善について発信しています。問題が起きる原因は犬の生い立ちや飼い主さんの考え方にあることが多いと考え、「ドッグメンタリスト」を名乗り、愛犬が過去を断ち切って前へ進めるよう、飼い主さんが自信をもって導いてほしいと伝えてきました。

でも、ふと思ったんです。問題行動って「誰にとっての問題」なんだろうか……？　飼い主さんや周りの人を困らせる行動を「問題行動」と呼ぶことがほとんどですが、それが犬にとっては当たり前の行動であることも多いからです。保健所から引き取った〝咬み犬〟でさえ、対応に試行錯誤する僕を尻目に、他の犬たちにはすぐ受け入れられて穏やかに過ごしていることも珍しくありません。

僕は、保護施設で愛犬を含む30頭近い犬とくらしています。「犬の群れの中にポツンといる人間」にならないように、自分も同じ動物と考えて向き合ってきました。それでも人間の僕にとっての問題は起きるんですよね。

犬と人間と、違う種類の動物が共生しようとしているからこそ問題行動になってしまうのではないでしょうか。言葉も食事も生活習慣も、全然違う動物同士が一緒にくらそうとすれば、不都合が起きるのは当たり前のこと。とはいえ、犬は人間の家庭や社会で生きていく動物です。共生していくためにがんばらなければいけないのは、飼い主さんのほうなのかもしれません。

これまで、ポチパパ流のしつけについては『どんな咬み犬でもしあわせになれる』『体罰ゼロのポチパパ流 犬のしつけ大全』（ともにKADOKAWA）で詳しくお話しししています。本書には、飼い主さんのお悩みに合わせて、日常のお困り行動を解決するためのヒントを詰め込みました。飼い主さんが愛犬を理解するためにも、ぜひ役立ててくださいね。

北村紋義

目次

Part 1
飼い主さんの3大お悩み！　犬の「咬む・吠える・うなる」のなぜ？

Part 2 やめてくれないイタズラとトイレ問題

Part 3 なかなかうまくいかない犬のしつけ

Part 4 苦手なものや食事、性格……あるあるお悩み

Part 5 お散歩・お出かけの困った！

Part 6 もっともっと知りたい犬のこと

STAFF
カバーデザイン
小口翔平＋
阿部早紀子
(tobufune)

本文デザイン・DTP
三橋理恵子
(QuomodoDESIGN)

イラスト
太田麻衣子

校正
柳元順子

編集協力
金子志緒

編集
川田央恵
(KADOKAWA)

Part 1

飼い主さんの3大お悩み！

犬の「咬む・吠える・うなる」のなぜ？

飼い主さんが困る犬の問題行動といえば、まずこの3つが挙がります。
日々のくらしに直結するお悩みなので、
理由にもとづいて対処してみましょう！

お困り
01

一生懸命かわいがっているのに、うなったり吠えたりするのはなぜ？

犬は「〜してほしい」「〜してくれ」「〜するな」という気持ちを訴えているので、まずは読み取ることから

「ウーッ」とうなられたり「ワンワン！」と吠えられたりすると、自分の愛犬とはいえ怖くなりますよね。愛情をかけている分、ショックを受ける飼い主さんもいると思います。でも、犬がうなったり吠えたりする理由は、敵意や拒絶ではありません！　家族になじめなかったり安心できない状況に置かれたりして、犬も困っているサインだと考えたほうがいいと思います。言葉を話せない代わりに**うなる、吠える、ときには咬むことで、要望・要求・主張を伝えようとしている**ことが多いので、まずは読み取りましょう。

要望：～してほしい

生きるために必要なことを**「○○してほしい」と訴える気持ち**。十分な食事や水、休める環境、家族とのコミュニケーション、本能的な行動を発揮する場を求めている。

要求：～してくれ

要望が満たされた状態なのに「もっと○○してくれ」と催促している。おやつをくれ、抱っこしてくれ、散歩に連れていけ、と**飼い主をコントロールしようとしている状態**。

主張：～するな

攻撃的に見えるが、不安や恐怖を感じて「○○するな！」と強く訴えている。うなる、咬みつくなどの**問題行動につながる**。

お困り 02

うちの犬は問題行動のオンパレード！いったいどうすればいい⁉

まずはあせらない、犬のペースに巻き込まれないこと！冷静な対応で日常生活の興奮度を50％以下にしましょう

咬む・吠える・うなるといった問題行動はもちろん、**日常の困りごとの多くは犬が興奮しているときに起こります**。うれしいとき、怖いとき、警戒しているときなど、平常心ではない状態はすべて「興奮」です。問題行動を抱えた犬はちょっとしたことにも反応しやすく、いつも警戒や恐怖で頭がいっぱい。ゆっくり休めないから心身に不調が出るのは当たり前です。

また、**興奮度が上がるほど本能的な行動が出やすくなり**、飼い主さんの声や指示も届かなくなってしまいます。興奮度が50％を超えると困りごとが増え、80％以上では問題行動

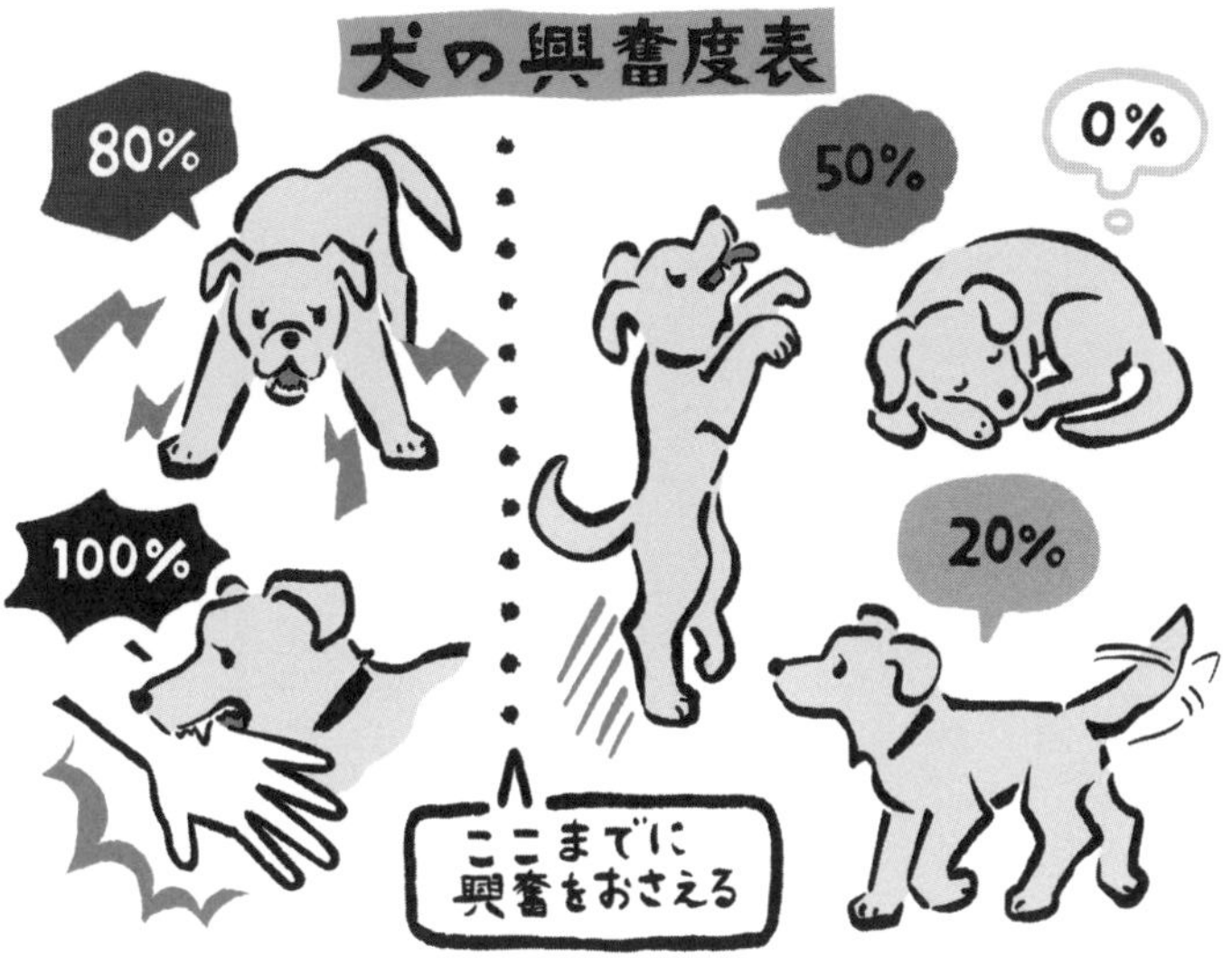

やパニックなどの深刻な状態に。まずは日常の興奮のスイッチをオフにする習慣をつけるため、犬が興奮するものから遠ざけてくださ い。食事や遊びは散歩の途中で済ませる、他の犬に突進するなら散歩コースを変える、チャイムで吠えるなら電源を切る。飼い主さんが自信をもって冷静に対応すれば、**日常の興奮度は50%以下になり、犬は平常心で過ごせる**ようになります。

興奮した犬のペースに引きずられて「やめて!」「ダメでしょ!」とあせって大声を出すと、むしろどんどんあおることに。80%を超えたら何もしないで離れ、落ち着いてから対応したほうがうまくいきます。

お困り 03

愛犬が咬みつくようになってしまった！これって飼い主が悪いの？

犬はコミュニケーションの手段に口や牙を使うもの。「やっつけてやる」という気持ちで咬む犬はほとんどいません

最初に知っておいてほしいのは、犬にとって**「咬みつきはコミュニケーションの手段」**であること。「ねえねえ」と呼びかける、「遊ぼう」とじゃれる、「やめて」と振り払う……人間が手でするこんな動作を、犬は口や牙を使って行います。ガサツな人や興奮している人は「元気!?」と背中を叩く、「遊ぼうぜ!!」と体当たりする、「やめろ!!」と殴るなどと手荒なコミュニケーションになりがち。犬もまったく同じです。

僕は今までに、〝咬み犬〟や〝凶暴犬〟と呼ばれて殺処分寸前までいった犬たちを引き取ってきました。猛獣のような顔で威嚇するので、「おまえをやっつけてやる」と攻撃してく

るんだろうと思い込んでいましたが、一緒にくらすうちに**不安や恐怖を抱えている**ことがわかってきました。

犬が相手を傷つけようと攻撃的な気持ちで咬むのは、主に狩猟のときとライバル同士の（テリトリーや異性を巡る）戦いのとき。実は〝咬み犬〟の多くは「こっちへ来るな！」「大切なものを奪うな！」と**自分を守るために主張している**んです。

飼い主さんが悪いわけではないので、まずは生きるために必要な要望をかなえてから、信頼関係を結びましょう。咬みつきはもちろん、多くの問題行動が改善に向かうための第一歩になります。

お困り
04

問題行動がある愛犬との関わり方がわかりません……

ひとまず最低限の世話だけして関わらない！犬が信頼関係を結ぼうと寄ってくるまで待ってください

問題行動を起こす犬には、**「不安や恐怖を感じやすく平常心を失って興奮しやすい」**という共通点があります。生まれもった性格（繁殖の問題による代々の遺伝）に、不幸な生い立ちや出来事によるトラウマが影響して、要望・要求・主張を訴えているわけです。問題行動の改善のゴールは、犬の不安や恐怖を取り除いて安心させること、平常心を失わないように支えること。そのためには**飼い主さんとの信頼関係づくりから始めて**ください。最低限のお世話から始めて、**犬が「家族や仲間になりたい」と心を開いてくるのを待ちましょう**。

【問題行動がある犬との信頼関係づくり】
・十分な食事と水を与える
・安心できる居住空間をつくる（P120）
・なんとかして散歩には行く
・犬への対応は「見ざる・言わざる・聞かざる（見ない・話しかけない・かまわない）」の三原則（膝にのってきたら下ろして立ち去る）
・現状の問題行動は本書の方法で対応（難しい場合は何もしなくていい）

近くでくつろぐようになったら、目が合ったときにやさしく声をかけたり少しだけなでたりしてください。それから日常生活の小さな困りごとに対応していきましょう。

お困り 05

一度咬みつかれてから愛犬が怖いです。どうやって対処すればいいですか？

信頼関係を結んでから自信をもって対処を！レフェリーや指揮者のような姿勢でメンタルを強くする

咬みつきは、もっとも深刻な犬の問題行動ですよね。飼い主さんも「とにかく咬むのを何とかしたい」と相談に来られます。でも、信頼関係の崩れや日常生活の小さな困りごとから始まって、最終的に咬むという大きな問題に発展しているケースが大半なのです。まずは**問題行動が起きている場合の信頼関係づくり**を。次に小さな困りごとを改善し、自信をつけてから大きな問題に対応していきましょう。車を運転する前に車のドアの開け方やエンジンのかけ方などをひとつずつクリアしていくイメージですね。

飼い主さんが姿勢を変えるだけでもメンタルを強くできます。格闘技のレフェリーやオ

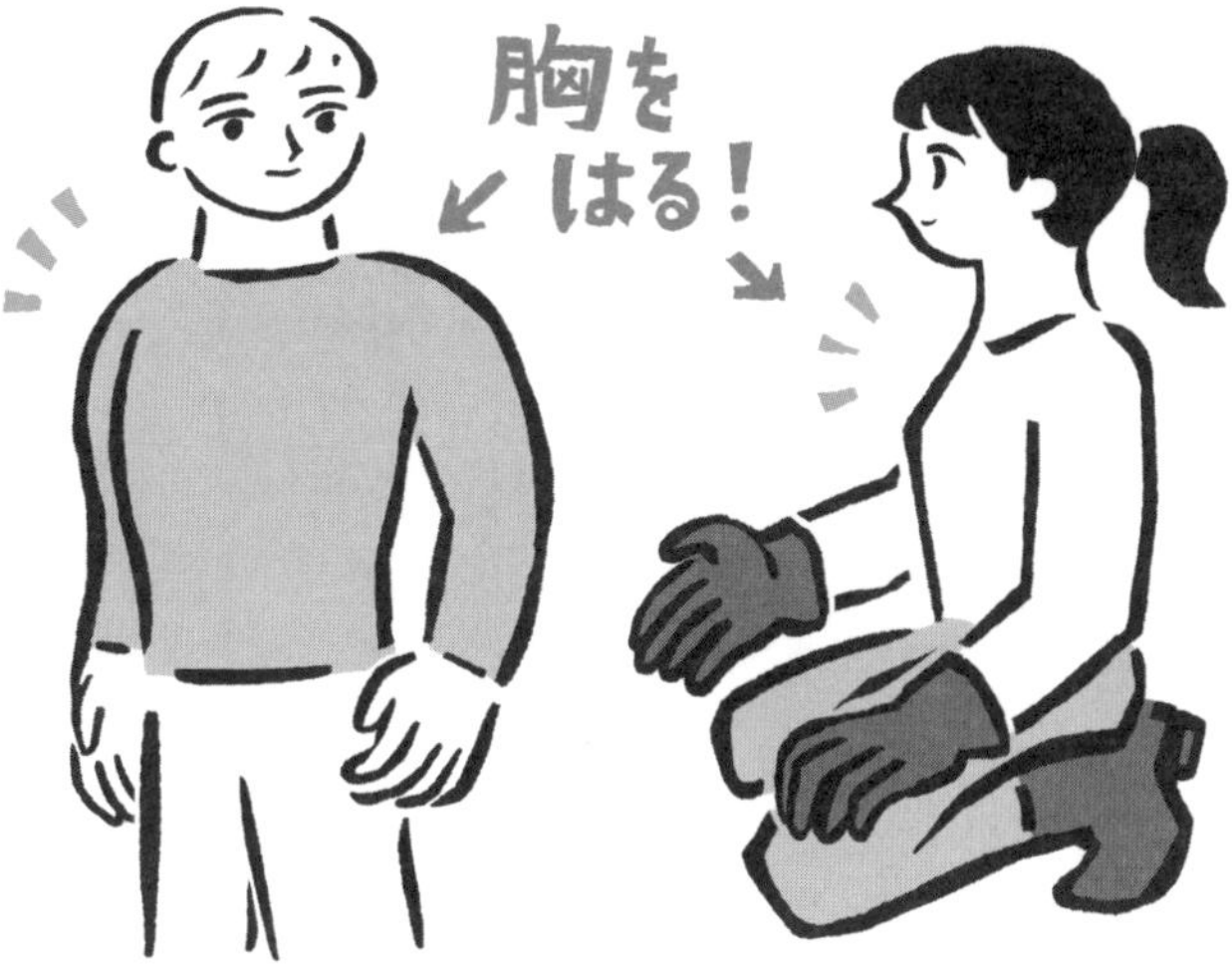

ーケストラの指揮者のように、堂々と胸をはって背筋を伸ばしてください。膝立ちになるときも上半身を起こすこと。ボディランゲージで自信を伝えると、犬が安定しやすくなりますし、主従関係（P78）づくりにも役立ちます。咬みつかれそうで怖い場合は、何かあっても動じない自分でいるために、室内でも厚手の革手袋や長靴を使いましょう。犬を制御しやすいようにいつもホームリード（P70）をつけておき、盾としてテニス用のラケットや厚みのある板なども用意しておくと安心。

散歩中の犬はいろいろな物事に気がそれて咬むことが減るので、散歩のお悩みから改善を始めるのがいいと思います。

お困り 06

サークルに入れると「出して〜！」とひたすら吠え続けます

広すぎるサークルや、上部に置いた日用品が犬の不安の原因になることもあります

サークルが落ち着ける環境になっていない場合、犬の気持ちが不安定になって吠えやすくなります。まず確認なのですが、「広くて天井がないサークル」を使っていませんか？　開放感があったほうが快適に見えますが、**犬は自力で守らなければいけない場所が広すぎると、警戒心が上がって吠えやすく**なります。ちょっと当たっただけでガタガタと揺れるようなつくりも不安のもと。犬の居場所としては、クレート（プラスチック製のハウス）のようにこぢんまりとした頑丈な居住空間がベストです！　家族が不在のときは水入れや給水器をつけたクレートに入れ、在宅時はリビングなどの部屋で一緒に過ごす

生活スタイルに変えましょう。クレートに入れると吠えるなら、クレート・トレーニング（P84）と置き場所の改善を。

でも、留守番が10時間を超えるようなら、クレートではさすがに窮屈かも。そんなときは天井つきのコンパクトなサークルを使うのも一案ですね。中に**扉を開けたクレートと少し離してトイレを置けるくらいのサイズ**で十分。頭上に物があったり周りが見えたりする状態では犬の気持ちが不安定になるので、マルチカバーなどで覆うのもよいでしょう。

居住空間を整えても吠えるなら、分離不安症（P46）の疑いがあります。飼い主さんが在宅時から離れる時間をつくりましょう。

お困り

07

チャイム、来客、配達の人、電話の音。すべてにとにかく吠えまくります！

優秀な番犬……ではなく、実は自分を必死で守っています。今すぐなんとかしたいなら、「鬼は外・福は内作戦」！

玄関のチャイムが鳴るたびに「ワンワン！」と吠えられると、住宅地では困りますよね。家族にとっては来客でも、警戒心の強い犬はテリトリーに侵入する外敵と認識してしまいます。だから吠えるだけでなく、玄関にまで行って確認しようとするわけです。

今すぐできる対策は、**チャイムが鳴っても玄関に行かせない**こと。すぐにフードやおやつをばらまいて気をそらす「鬼は外・福は内作戦」もいいですね。犬が食べているうちにドアを閉めてしまいましょう。来客中は、クレートや別室に移動させます。慌ただしい雰囲気に釣られて興奮度が上がることもあるので、ゆっくり対応してくださいね。

警戒心が強いタイプの犬は、外の気配や物音に反応して吠えることも多いはず。犬が落ち着けるように**居住空間を家の奥に移動**しましょう。周囲を見渡せるベランダなどの高いところでは、本能的に見張り役を始めて警戒心が強くなりがちなので、特に動くものに反応しやすい犬は、ラティスなどで目隠しをするのがおすすめです。

吠えるのを「番犬として家族を守ってくれている」と思うのは大間違い。家族を頼れないから、**犬は自分を守るために必死で吠えているん**です。自信をもって頼れる飼い主さんになれば、「あとは任せます」と落ち着いてくれますよ！

お困り
08

食事前には興奮して大騒ぎ！食事中に近づくとうなります！

食いしん坊ぶりはほほえましく見えるけど、ちょっと問題。落ち着いた食習慣でうなる問題を改善しましょう

ほほえましく見える**「大興奮のごはんの催促」が、問題行動に変わってしまいがち**なことを知っていますか？　食事前に吠えるのは「ごはんをくれ！」という要求ですが、次に食事中にうなる「ごはんを奪うな！」という主張に変わり、「フード・アグレッシブ」という問題行動になることも。**食事前に興奮度を下げて、落ち着かせる**のがポイント。散歩のあとは犬が興奮しているので、30分ほど経ってから食事の用意を始め、吠えたら期待を裏切ってその場から無言で立ち去ります。静かになったら用意を再開し、吠えたら立ち去ることを繰り返しましょう。「吠えたらごはんをくれないんだ」と犬が理解すれば

その後は楽になります。

ただし、もともと食事が足りない犬や過去に飢えを経験したことがある犬は、期待を裏切る方法では要求吠えが悪化します。心配であれば、動物病院に愛犬の体形と適正な食事量のチェックをお願いしてください。

食事中にうなる犬は、近づいてくる相手を自分の食べ物を奪う敵だと思ってしまうようです。飼い主さんが食事を奪うことはないと伝えるため、犬にホームリードをつけて絶対に動かない柱などにつなぎ、犬の顔の倍くらいある大きい食器を持ったままあげてくださ い。食べ終わったら、犬に空の食器をしっかり見せてから下げましょう。

お困り 09

食事後に食器を下げようとすると怒ります。いつまでも片づけられません！

霧吹きをシュッとして「嫌なもの」とインプット。犬が気を取られている間に食器を片づけます！

食べ終わったあとの食器を飼い主さんが片づけようとすると、「ウーッ」と怒ってうなる犬がいます。食器は空っぽなのに……と不思議に思いますよね。「食器からごはんが湧き出てくる」と思っているのかな？　と考えてしまいそうですが、これも立派なフード・アグレッシブの一種なので、笑いごとでは済みません。犬は**うなると飼い主さんが引くことを覚える**ので、いろいろな場面で「ウーッ」と威嚇しては要求や主張を通そうとします。なら犬がいないときに食器を下げればいいか、と問題を後回しにするのはNG。**犬を遠ざけたりホームリードでつないだりして犬の目の前で片づけて**ください！

僕が以前ドーベルマンのフード・アグレッシブを改善したときは、デッキブラシで犬の胸のあたりを押して食器から遠ざけることをその場で何十回も繰り返し、犬があきらめて戻ってこなくなってから堂々と食器を下げました。

もっと簡単な対策としては、霧吹きを使う方法があります。犬が落ち着いているときに、顔の横からマズル（口吻）に向かってシュッシュッと水を吹きかけて驚かせてください。10回程度で「霧吹き＝嫌なもの」とインプットされるはず。犬がごはんを食べ終わったら**霧吹きを顔の横にポンと置く**だけでよけるので、その間に食器を片づければ解決です！

お困り
10

ガムをかじっているときに飼い主が近づくと、なぜか怒ります！

どこまで改善したいかによって方法は変わります。比較的安全なのは「ガムばらまき作戦」です

犬にとってガムも食べ物のひとつ。つまり生存に関わるので価値が高く、与えると執着して一気に興奮度80％に上がることがあります。その場しのぎですが、〟超大好き〟なガムをやめて〝そこそこ好き〟なガムに替えてみては？　また犬は前足の間にものがある（抱え込む体勢になる）と興奮しやすいので、手に持ったままかじらせる方法もあります。「ガムを取るな！」と主張している状態なので、**敵ではないことがわかればうならなくなります**。時間があるなら「放っとく作戦」もあり。犬は放っておかれると落ち着くので、近くでスマートフォンでも見ながらガムへの興味を失うまで待ち、立ち去ったら念

のため10分間後に片づけます。
犬が怒らないように改善したい場合は、「ガムばらまき作戦」を！　犬をホームリードで柱などにつなぎ、**超大好きなガムを渡したあと、同じくらい超大好きなガムを5個以上周りにばらまいて**ください。最初のガムをくわえたまま「どうしよう!?」と戸惑う犬を無視して、周りのガムをゆっくり取って片づけます。すでにガムをくわえているので咬まれるケースは少ないのですが、怖い場合はガムを蹴って遠ざけてもＯＫ。これを何十回でも繰り返してください。**やがて犬は執着しているのがバカバカしくなって、改善する**ケースもありますよ。

お困り
11

遊んでいたら咬まれました！おもちゃを絶対離さないこともあります

興奮度50％を超えたら遊びを中断してください。他の犬のおもちゃを抱え込んだら気をそらして取り戻します

遊んでいるうちに飼い主さんの手を咬んでしまうのは、悪気のない〝うっかり咬み〟の一種。**犬の興奮度が50％まで上がったら遊びを中断して、落ち着いたら再開する**習慣に変えましょう。フレンチ・ブルドッグなどの闘犬系にルーツをもつ犬は、楽しい気分から急に執着のスイッチが入って咬むことがあるので、飼い主さんが興奮をコントロールすることが問題行動の予防になります。

家でおもちゃを抱え込んでうなる場合は、**「ガムばらまき作戦」のガムをおもちゃに替えて試して**みて。僕はテニスボールを30個ばらまいたこともあります（笑）。

または、犬にホームリードをつけて柱などにつなぎ、「ハナセ」と1回だけ言って犬のあごの下に手を出して離すまで待ちます。くじけそうになったら、自分がテレパシーをもっているつもりで**「ハナセ、ハナセ……」と強い気持ちで念じて**ください。おもちゃを離して手にのってもそのまま動かず、犬が立ち去ったら片づけること。5分で離す犬もいれば、数時間かかる犬もいます。

他の犬のおもちゃをくわえて離さないときも、あせりは禁物。おもちゃや食べ物をばらまいて、犬がくわえているおもちゃを離したら回収を。難しければその日は相手と愛犬のおもちゃを交換して、別の日に返しましょう。

お困り
12

犬が寄ってきたからなでていたのに、なぜか急に怒り出して咬みつかれました！

「なでてほしい」から「うっとうしい」に変わり、短気なタイプは大げさに反応してしまいます

犬がいきなり咬みつく問題は、飼い主さんが犬をなでているときに起こりやすいと思います。近寄ってきたときはなでてほしい気分でも、満足すればうっとうしいと思うようになります。**「そろそろやめて」というボディランゲージ**を見逃していませんか？

［犬が咬むまでのボディランゲージ］

あくびやのびをする↓鼻の横の隙間が狭くなる↓鼻にしわを寄せる（歯を剥く）↓うなる

↓咬みつく

5段階に分けましたが、**短気なタイプは途中を飛ばしていきなり「やめろー!!」とばかりに咬む**場合も少なくありません。立ち去ればいいだけなのに、頭に血が上って大げさに反応してしまうんですね。こういうときは、**ボディランゲージを確認するだけ**で咬まれにくくなります。

気の短さには生まれつきの性格もあるので直しづらい面もありますが、それでもいきなり咬みつくのはかなり強い主張。飼い主さんに自信がないことを犬に見透かされているのかも。問題行動がある場合の信頼関係づくりから始め、自分に自信がつくまでスキンシップは控えましょう。

お困り
13

足を拭こうとすると咬みつきます！ブラッシングやお手入れもできません

目の粗いブラシを使って触る練習から始めましょう。犬の気がそれる散歩時に試してみて！

なでようとするだけで咬むなら、先に問題行動がある場合の信頼関係を結ぶことから。ひとまず足を拭く代わりに濡れタオルの上を歩かせるだけにして、ブラッシングは動物病院やトリミングサロンに頼みましょう。

なでることが可能なら、ケアにつながる触り方の練習を始めます。素手で行うのが怖い場合は目の粗いブラシを使うのがおすすめ。**ブラッシングの練習にも移行できる**ので一石二鳥です。手を咬まれにくいのは持ち手があるT字型ですが、100円ショップの人間用ヘアブラシでもOK。繊細な犬は皮膚や被毛に引っかかる感覚を嫌がるので、ゴムブラシ

やスリッカーブラシは避けてください。
まずは犬の**横や斜めの位置から肩を軽く触り、犬が落ち着いていられたら背中↓足↓顔の順で移動**。犬の気がそれる散歩のときに歩きながら練習してもいいですね。数日かけるつもりでゆっくり進めたほうがうまくいきます。うなられたとしてもその場で手を止めて待っていれば落ち着きます。手を引っ込めると、次は手が遠いところにある段階でうなるようになるので、怖いかもしれませんが**できればその場で待ってほしい！**
ブラシで触れるようになったら素手で行うケアの練習を。犬の足を床につけた状態で足先をタオルで包み、少しずつ拭いてみましょう。

お困り
14

首輪やリードをつけようとすると怒ります！逃げるから追いかけているのもダメ？

飼い主の緊張感が犬に伝わるので、リラックスした状態でシンプルなベルトタイプをサッとつけましょう

そもそも普段から犬の首や体を触れますか？　難しい場合は信頼関係づくりと触る練習を優先してくださいね。いちばん簡単な解決方法は、**ホームリードもしくは散歩用の首輪、ハーネス、リードを家の中でつけたままにしておく**こと。道具が劣化してきたら動物病院でつけ替えを頼みましょう。**つけはずしの対応を変えるだけ**で改善することもあります。「ちょっと待って！」と声をかけたり「首輪をつけるぞ」と意気込んだりすると、飼い主さん自身が緊張状態になり、犬も影響されて不安定になるので、**リラックスした雰囲気のときにさりげなくつけましょ**

う。逃げる犬を追いかけると興奮させてしまうので、しゃがんで寄ってくるのを待ち、近づいてきたら背中をなでて落ち着かせてからつけてくださいね。あせりは禁物です。

また、装着のときにモタモタして犬をイライラさせないように、すばやく装着できるベルトタイプ（シングルピンバックル／イラスト参照）を選んでください。サッとつける自信がない場合はパッチン（クイックリリース）タイプでもいいでしょう。柴犬やトイ・プードルは毛を挟んで痛い思いをさせるとつけはずしのときにうなるようになることもあるので、**首輪の下に小指や人さし指を入れて毛を押さえながらパチンと留める**のがコツです。

Column 1

犬に問題行動が出始める時期

早ければ生後3か月くらいから。タイプ別に出やすい問題がある

犬の深刻な問題行動の多くは、日常の小さな悩みから始まっていることがほとんど。遺伝が影響している場合は早く出ることが多く、さかのぼると生後３か月あたりから片鱗が見え始め、特にオスのほうが早い傾向があるようです。

生まれつきの性格（迎えたばかりのころの様子）から将来出やすい問題行動がある程度タイプ分けできるので、現在当てはまる行動に合わせて、許容できないほど問題が大きくなる前にこの本に書いてある内容を参考に対処してくださいね。

■不安タイプ

隅でじっとしている、小さな物音で逃げる、クレートから出てこない、家族が動いただけで固まる、散歩に行きたがらない

➡追い詰めると恐怖で咬んだり脱走したりする

■主張タイプ

ソファや家族の膝からどかしてもまたのる、おもちゃやガムを渡すと逃げる、寝転んでいるときに近づくとにらむ

➡暴力的な態度ですぐうなったり咬んだりする

■警戒タイプ

小さな物音に対しても耳を立てる、チャイムが鳴ると真っ先に玄関へ行く、来客に向かっていく

➡不審だと感じた存在や物音に向かって吠え続ける

■興奮タイプ

甘咬みの力が強い、遊び方が荒っぽい、散歩のあとでも家の中を走り回っている、物をかじるのがとても好き

➡急に執着のスイッチが入って物を破壊する

Part 2

やめてくれないイタズラとトイレ問題

イタズラとトイレも、相談の多いお悩みです。
いろいろ方法がありますので、
効果のあるものを試してみてください。

お困り
15

椅子、ソファ、コードなど手あたりしだいに何でもかじって壊します！

かじっても壊れない知育玩具をあげてから、苦味や辛味スプレーを家具にかけてみて

犬が物をかじるのは、運動不足を解消するための暇つぶしや、狩猟本能に由来する遊び。だから〝ある物〟を思い切りかじらせるだけで解決することもあります。たとえば、丈夫なゴム製の知育玩具にふやかしたドッグフードやペーストを詰めてあげてみてください。飽きないように複数個を用意してもいいですね。

味や音の刺激で犬を驚かせ、かじりたい気持ちをなくさせる作戦もあります。味の刺激には犬用の苦味しつけスプレーや10倍に薄めたタバスコなども使えます。先に犬の鼻先にシュッとひと吹きして刺激物のにおいを認識させてから、かじられたくない家具やコード

に吹きかけてください。乾くと効果が薄れるので、かじらなくなるまではこまめに吹きかけて湿らせておきましょう。
音の刺激としては、おもちゃのシンバルがおすすめ。スプレーを使いたくないソファなどを犬がかじろうとしたら、「シャーン!!」と鳴らしてびっくりさせます。手加減して中途半端な刺激を繰り返すより、**1回で効く刺激の強い方法**のほうがお互いの負担が少なくて済みます。
感電すると危ないコード類、かじっているうちに誤飲しやすいペンやリモコンなどの小さい物は、犬が届かないところに片づけておきたいですね。

お困り
16

留守番中はなぜかイタズラを張り切る！散歩だけでは運動不足なのでしょうか？

本能を引き出す狩りの遊びで満足度を高めましょう！短時間でも体力を使うからぐっすり寝てくれます

帰宅して、部屋がぐちゃぐちゃになっていたらショックですよね。**物を破壊する場合、運動不足の解消のために張り切って遊んだだけ**。大型犬はもちろん、小型犬でもパワフルな犬種は、散歩だけでは足りなくてイタズラしてしまうことがあります。

やんちゃな犬には、本能を引き出す遊びで満足度を高めるのがコツ！ 長いロープのおもちゃを使った「引っ張りっこ遊び」なら、**犬が狩りをするときの一連の動作を再現できる**ので、犬も大満足。家族と楽しく遊んだあとはぐっすり寝てくれるでしょう。並行してお悩みに合わせた本書のイタズラ対策も始めてくださいね。

【本能を引き出す遊び方の例】
獲物を探す（ロープを持って物陰に隠れる）
↓見つける（物陰からロープをチラッと見せる）↓追う（緩急をつけてロープを引きずる）
↓捕まえる（ロープに咬みつかせて前後左右に引っ張る）↓食べる（ロープを自由に咬ませる

本能的な行動は興奮が高まりやすいので、**うなり声が収まらなくなったら休憩**しましょう。ロープの動きを止めて力を抜くと犬はつまらなくなって離すので、ゆっくり回収してください。犬がロープを離した瞬間に「ハナセ」と言えば指示も教えられて一石二鳥。

お困り
17

留守番のときに限ってトイレを失敗します。これってわざとでしょうか？

ひとりぼっちに不安を感じているのかも。飼い主の心配も伝わるので気にしないこと！

留守中に限ってトイレの失敗や吠えがひどくなる場合、運動不足以外の理由も考えられます。飼い主さんが出かけるときに吠えたり追いかけたりするなら**「分離不安症」**かも。犬は仲間と行動する動物なので、ひとりぼっちの状況に不安を感じて物を壊したり吠え続けたりすることがあります。片づけにくいところに粗相するのも嫌がらせではなく、不安が募ってうろうろしたり隠れたりしているうちに、いつもと違うところに排泄してしまうのが本当の理由です。

分離不安症は飼い主さんの心配や依存の気持ちが犬に伝わることも原因です。もしペッ

トカメラを使っているならいったんやめましょう。いつも一緒にいすぎると、離れたときにお互いに不安が強くなるので、日ごろから飼い主さんは**犬と別々に過ごす時間をつくり、外出中は犬のことを忘れましょう！**

荒療治ですが、時間があるときに試してほしいのが「なになに作戦」です。犬が吠えるたびに顔の真ん前で「なになにー!? 呼んだー!?」と言い続けてください。やがて「うっとうしいからどっか行け」と思われるようになり、不安がほぼ解消します。あとはホームリードをつけておき、飼い主さんのあとを追ってきたらリードでもとの場所へ誘導します。クレート・トレーニング（P84）もぜひ実践を。

お困り 18

とにかく食い意地が張っている！ ゴミ箱あさりや盗み食いをします

犬の食欲には勝てません！ ゴミ箱をふたつきに替え、キッチンには侵入できないようにするのが確実

犬にとって、**おうちのゴミ箱は宝箱**！ 食べ物などの気になるにおいに惹かれてしまうんです。現行犯であれば「NO」で止める（P66）こともできますが、留守中はそうもいきません。キッチンに侵入してつまみ食いするのも同様です。食いしん坊が食べ物を探す本能には勝てません（笑）。一度成功すると、飼い主さんの目を盗んで不在時にも盗み食いをするようになると思います。留守中にペットカメラを通じて声をかけるのも一案ですが、だんだん効果がなくなる可能性大。あとは出かける前の運動で体力を使わせてからごはんをあげて満腹にさせると、ぐっすり寝ていてくれるかも。

ゴミ箱あさりは**「できないようにする」**のがいちばん確実です。たとえば、**ゴミ箱自体をペダル式のふたつきや重量のある大きいステンレス製に替える**だけで防げることもあります。マグネット式のゴミ箱を壁の高い位置につける、部屋ごとにゴミ箱を置くのをやめる、ゴミ箱を置く部屋を決めてドアを閉めるなど、犬と知恵比べのつもりで対策を立ててください。キッチンで盗み食いする場合も、食べ物の収納場所を変えるだけで防げるはず。

キッチンに他人が隠れたりブザーをしかけたりしておき、盗み食いをしようとした犬をびっくりさせる方法もありますが、成功率が低いうえ不安をあおることになるので△。

お困り 19

イタズラで家の壁紙がボロボロ、ところどころ穴も開いています……

猫用の爪とぎ防止シートを試してみて。もしドアや窓の近くを壊すなら分離不安症かも

壁や壁紙をかじったり掘ったりする場合、**まずは場所を確認**してください！　ドアの近くや窓の下など出口に近いところを特に壊しているなら、出かけた飼い主さんを追いかけようとしている可能性があります。家族から離れることに強い不安を感じる「分離不安症」が考えられるので、それを解消する対策が必要です。

出口とは関係ないところをボロボロにするなら、家具の破壊と同じく遊びや運動不足が原因です。ウェルシュ・コーギー・ペンブロークやゴールデン・レトリーバーのように元気いっぱいの犬種を散歩だけで満足させようとすれば、先に飼い主さんの体力が尽きてし

まいます。おもちゃを使った遊びで犬の体力だけを発散させるのがコツ！

壁が傷ついたり壁紙がめくれたりしたところは犬の歯や爪が引っかかりやすく、繰り返し狙われることもあります。小型犬であれば、猫用の**爪とぎ防止シートやツルツルした下敷きなどを貼ってガード**しておきましょう。

小型犬でもパワフルな犬や中・大型犬の場合、壁を完全にガードするのは難しいので、現行犯なら「NO」で止め、留守中はクレートに入れるのが現実的な解決策。破壊はいずれ収まるので、周りに迷惑をかけていなければ「リフォームできてちょうどよかったー！」と心にゆとりをもったほうがいいかも（笑）。

お困り
20

トイレシートをかじってビリビリに破る！トレーまで傷だらけになっています

メッシュ、人工芝、すのこでシートを覆ってガード。トレーをやめてシートをテープで固定するのがおすすめ

咬みつく、食いちぎる、バラバラにするという行動は、捕食動物が獲物を捕らえて食べる一連の動作。トイレシートやぬいぐるみのようにやわらかいものは、**犬の本能をくすぐるからそうやって壊されやすい**んですよね。でも、シートの不織布や吸水ポリマーを誤飲すると胃腸に詰まることもあるので危険。イタズラをされないように、まずはシートを覆う「メッシュつきトイレトレー」を使ってください。ただしトレーのメッシュごと壊してしまうパワフルな犬もいます（笑）。そんなときは、**丈夫なプラスチック製の人工芝やすのこで代用する**のもひとつの手。

なかにはおしっこやウンチの前後にシートを引っかいて準備を整える（？）犬もいます。慎重な犬に見られることが多いので、排泄するところを入念にチェックしているうちにビリビリになってしまうようです。石橋を叩いて渡らずに壊してしまうようなタイプで、これは犬の個性と思って、メッシュやすのこで対策するのがいちばんです。また、シートの香りや厚みが気になって引っかく犬もいるので、種類を変えてみてもいいと思います。

トイレトレーをかじるなら、置くのをやめましょう。シートとトレーはセットではなく、要は犬がシートにのったときずれなければいいだけ。**テープで固定すれば十分**です。

お困り 21

どうしてもトイレをきちんとできません！トイレトレ成功のコツは？

失敗したところにトイレシートを敷いてみましょう。成功したらどんちゃん騒ぎで印象づける！

犬は猫と違って、もともと決まったところで排泄する動物ではないので、トイレトレーニングがうまくできなくてもがっかりしないで！　失敗を成功に変えるポチパパ流の方法を試してみてください。

そもそもトイレトレーニングを、「トイレの場所を教えること」だと思っていませんか？正しくは「**トイレシートの上で排泄する習慣を教えること**」です。まずは部屋全体をトイレにするイメージで、どこで排泄してもいいように汚れて困るものは片づけてください。準備ができたら犬を連れてきて、排泄したら掃除をしたあと、その場所にワイドサイズ

（P56）のトイレシートをテープで貼ります。これを繰り返すと部屋中がシートだらけになりますが、トレーニングが終わるまでの我慢。

犬がまぐれでもシートの上で排泄できたら、1回だけほめ言葉（「いい子」、「天才！」など／P66）をかけた後、**犬と部屋中を走り回ってどんちゃん騒ぎをしましょう**。犬にシートの上で排泄した（トイレが成功した）ことを強烈に印象づけられます。

そのうち犬が排泄するシートの場所が決まってくるので、そこをトイレに決めて他を片づけてください。成功率が70％くらいまで上がっているなら、どんちゃん騒ぎ方式に変えるだけで100％に近づけられますよ！

お困り 22

「ちょっとはみ出す」のが直りません！トイレを覚えていても失敗するのはなぜ？

まずはトイレシートの大きさを倍にしてみて。それでも粗相するなら徹底的に消臭を

トイレを覚えているのにおしっこがはみ出す場合、犬のサイズに比べてトイレシートが小さいのかもしれません。特に胴が長いミニチュア・ダックスフンドにありがちな失敗例です。僕は小型犬でも基本はワイド以上をおすすめしています。

シートを大きくしてもやっぱりはみ出す場合、「どこかに足をのせていればＯＫ」と勘違いしていています。犬が排泄する直前に無言ですばやく抱っこしたり押したりしてシートの真上に移動させましょう。成功したら、例によってどんちゃん騒ぎをしながらしっかりほめて！　シートの大きさに関係なく目測を誤ってはみ出す犬には、トイレのスペースがわか

トイレシートのサイズ

※メーカーによって多少異なる
場合があります。
レギュラー：約32×45㎝
ワイド：約45×60㎝
スーパーワイド：約60×90㎝

りやすいようにサークルや100円ショップのワイヤーネットで囲ってみてください。
離れたところで粗相をする場合、気になるにおいや気配があって排泄したくなっているのかも。まずはその場所を徹底的に消臭してください。無香タイプよりヒバ油やハッカ油のほうが効果的！　人間にとっては不快ではないのもいいですね。そのあとシートを敷いても排泄しなければ解決です。
それでもまだ場所に固執するなら、におい以外の理由があるはず。見栄えは悪いですが、トゲトゲの猫よけシートを置くのもあり。1週間以上置いてからどけて様子を見て、犬があきらめて別の場所で排泄するなら安心です。

お困り 23

いつでもどこでも足を上げておしっこ！ しゃがんで済ませてほしいのに……

上げた足をそーっと下ろさせてみて。散歩中はにおい嗅ぎのポイントを決めておくことも忘れずに

足を上げて排泄する行動は、おしっこのにおいで自分の存在を主張するマーキング。主にオスに見られる行動で、性成熟が始まる前の去勢手術で防げる場合もありますが、手術については獣医師とよく相談してくださいね。

すでに足を上げる習慣がついている場合は、去勢手術をしても直らないことがあります。そんなときは、**犬が排泄し始めたタイミングで太ももに手を添えてそーっと下ろしましょう**。くれぐれも力ずくで押さないように注意。足を下ろしても排泄を続けているなら、この方法がおすすめです。

散歩のときのマーキングは、他の犬のにおいに反応していることが原因です。まずは**においを嗅ぎをさせるポイントを2〜3か所に絞って**ください。そこで犬が足を上げたら、手を添えて下ろします。それ以外の場所は犬が頭を下げてにおいを嗅がないように、リードを短く持ってスタスタ歩いてください。

ただし足を下ろさせる方法は、びっくりしておしっこを止めてしまう怖がりな犬には不向き。実は僕がしつけの方法を試行錯誤していたときに、ビビリの愛犬にこの方法を試したところ、お風呂場に隠れておしっこをするように……。警戒心が強いタイプには代わりに「排泄の指示（P60）」を教えましょう。

お困り 24

室内でトイレをしなくなっちゃいました！
子犬のころはできたのに……

排泄のたびに「ワンツー」と言い続ければ指示でトイレができるようになります！

犬が自宅で排泄しない主な理由は、居住空間を清潔にするためと、においで外敵に見つからないようにするため。どちらも動物が生き抜くために備わっている本能です。特に野生味の強い日本犬は室内ではトイレを我慢しがちです。おしっこを我慢しすぎると膀胱炎を起こすこともあるので、室内トイレを教え直しましょう。

ポイントは「居住空間で排泄する習慣」の前に、**「指示で排泄させる習慣」**を目指すこと。難しいテクニックは何もいりません！　まずは指示の言葉を決めましょう。盲導犬や警察犬は「ワンツー」ですが、「トイレ」や「チッチ」でもかまいません。

そして散歩中に犬が排泄しそうになったときから終わるまで、**ずっと指示を言い続けて**ください。1回の排泄につき10回は言うことになるので、早ければ1週間、遅くとも1か月程度で指示を覚えるはず。次に自宅の庭や玄関などの屋外に近いところにトイレシートを敷いて指示を出します。何度か繰り返してもしない場合は、屋外の排泄しやすいポイントにシートを敷き、指示で排泄を成功させてから少しずつ自宅へと向けて移動を。

室内トイレで「指示で排泄させる習慣」ができれば、やがて犬は自主的に済ませるようになり、「居住空間で排泄する習慣」が身につきます。

お困り 25

自分のウンチを食べてます!!
直したいけどやめてくれません……

子犬にはおいしそうなごはんに見えてるかも？
現行犯と留守中の対策を試してみて！

かわいい愛犬が、自分のウンチを食べている姿を見るとびっくりしますよね！　でも「食フン」は、実はほとんどの動物がする自然な行動で、室内で排泄しない理由と同じ生き抜くための本能。胃腸が未発達の子犬だとウンチにフードが残っていることもあって、ごはんと認識して食べてしまうようです。**消化のよいドッグフードに変えるだけで収まることもある**ので、まずは獣医師に相談してください。

しつけで食フンをやめさせたい場合は、現行犯に限って「NO」と1回だけ言ってから、ウンチの前にダンボールで壁をつくってガード。ウンチをがっちり守り続けて、犬があき

らめて離れたらすばやく片づけましょう。ここで「ダメでしょ！」などと声を上げると、飼い主さんの反応が楽しくて食フンするようになることもあります。**「NO」は1回、あとは無言**です。

留守中に食べてしまう場合は、排泄させてから出かける、ハウス（クレート）とトイレを離す、知育玩具を与える、といった方法を試して。生後6か月ごろには収まるケースがほとんどなので、割り切って自然消滅を待つのも一案です。成犬になっても食フンをするなら、ひどい飢えを経験した可能性大。空腹感をなくすために食事を1日3～4回に増やし、食フンの必要がないことを教えてください。

Column

2

うれションや小出し……意外と困るおしっこ問題

シーン別の対策で改善できる可能性あり！

すごく困っているわけではないけど何とかしたい、という小さい悩みごとがいちばん多いのがトイレ問題ではないでしょうか？　お困りのページに入りきらなかったけど、飼い主さんからの相談が多い悩みごとにお答えします。

■うれションが止まらない

喜びが爆発してお漏らししてしまう「うれション」対策は、まずは興奮させないこと。シーンごとの対処法を試しつつ、その場しのぎでマナーベルトやパンツを利用するのも一案。不妊・去勢手術の影響による尿失禁の可能性もあるので、念のため動物病院にも相談を。

・**飼い主の帰宅時**

犬を見たり声をかけたりせず堂々と無視して着替えや用事を済ませる。犬が落ち着いたら少しだけ声をかけたりなでたりする。

・**来客時**

家に人が来る前から犬をクレートや別室に移動させる。

・**親しい人や犬に会ったとき**

動き回ると興奮して漏らしやすくなるので、リードを短く持ったり座らせたりする。

■おしっこを小出しにする

・**屋外でのマーキング**

におい嗅ぎをさせると排泄するので、散歩コースの中でにおい嗅ぎの場所を3か所程度に絞る。するとやがてまとめて出すようになる。

・**室内でのトイレ**

排泄後のおやつ目当てで繰り返しているならおやつを与えない。まとめて出したときに、ほめてからどんちゃん騒ぎをする。

Part 3

なかなかうまくいかない犬のしつけ

「犬のしつけ」といっても、
その方法は人によって本当にさまざま。
ここではポチパパおすすめの方法をお教えします！

お困り
26

ほめても叱ってもうまくいきません。どうすればうまくしつけられる？

「ほめ言葉」と「NOを伝える言葉」を使い分ければ「叱る言葉」は必要なし！

僕が考える犬のしつけのポイントは、**「ほめ言葉」と「NOを伝える言葉」**です。そこに「叱る言葉」は必要ありません。うまくしつけられない場合でも、これらの言葉の使い方を見直すだけで改善することもあります！

ほめ言葉とは、その行動は正解だと伝える「YES」の言葉。クイズ番組の「ピンポーン」と同じ意味です。犬が正しい行動をしたときに「いい子！」など言いやすい単語でほめましょう。飼い主さんの喜びが犬に伝わるように、明るい声と笑顔を心がけて。指示を教えるときは1回だけほめるのが基本ですが、トイレ・トレーニングはほめた後にどんち

ゃん騒ぎをしたほうが覚えてくれます。

NOを伝える言葉とは、その行動は不正解と伝える言葉。クイズ番組の「ブッブー」と同じ意味です。犬が違う行動をして止めるときに使うので、「NO」などの短くてパッと出る単語がおすすめ。「絶対ダメ！」という気持ちを込めて、基本的に1回だけ、不機嫌な顔と低い声でしっかり伝えます。

僕はふだん犬を自由にさせておき、**間違ったこと・してほしくないことをしたときに「NO」で訂正**して教えます。あえて失敗させてから、正しい行動へと誘導したほうが覚えが早いです。犬なりに「何が違うんだろう？」と自分で考えるからではないでしょうか。

お困り
27

しつけやトレーニングの方法が多すぎて、どれがいいのか迷ってしまいます

飼い主さんと犬に合っていればどんな方法でもOK！自力で対処したほうが知識とスキルを身につけられます

最初に知っておいてほしいのは、しつけとトレーニングの違いです。しつけは犬にルールを教えたり、犬の安全を守ったりすることで、トレーニングは「スワレ」などの指示を教えること。家庭犬に必要なのは「しつけ」です。犬のしつけ方はいろいろですが、僕は飼い主さんと犬が楽しくくらせて周りにも迷惑をかけないなら、どんな方法でもいいと思っています。そのうえでお話ししますね。

僕はドッグトレーナーとして活動していた時期があります。いろいろな相談を受けるたびに、**飼い主さんの知識やスキル不足が問題の解決を難しくしている**ことがわかってきま

した。飼い主さんに犬のことを知ってほしい、そのためにはどうすればいいか……。考えた末、ドッグトレーナーをやめて、代わりにＹｏｕＴｕｂｅで犬の知識やしつけ方を配信しています。

自力では改善できないから訓練所に預けたい、という人もいます。でも、車を修理に出すのとはわけが違います。家庭内の問題を解決するなら、**家庭内の人や状況に応じた方法をとる必要がある**と思いませんか？　僕が運営する「問題行動改善の会」では飼い主さんが自力で対処できるようにサポートしています。試行錯誤の日々は愛犬との関係づくりに必ず役立つはずです！

お困り
28

困った行動をすぐに止めたいとき、どうすれば犬に伝わりますか？

「NO」の言葉で行動を訂正しましょう。自信がつくまでは「ホームリード」を使ってみて

今はほめるしつけとおやつを使う方法が主流ですが、困った行動を止めたり、してほしくない行動を教えたりするには不向きなこともあります。そこで僕は「NOを伝える言葉」をおすすめしています。ゴミ箱をあさる、他犬に吠える、散歩で引っ張る……といった困った行動をやめさせるには、自信をもって「NO」と言ってください。

とはいえ、最初は言葉だけで動きを止めるのは難しいですよね。飼い主さんの自信がつくまでは、家でもずっと首輪とリードをつけておく**「ホームリード」**を活用して。からみにくい平ひもタイプのリードを使い、持ち手が犬や人の足に引っかからないように輪の部

分を切りましょう。

犬が困った行動をしたときは**「NO」と言ってから、リードの合図で止めて訂正**します。リードは中指にかけて持ち、電気のスイッチひもを引くくらいの力で合図を送り、誘導して正しい行動を教えます。犬が「自分がしたい行動と違う」とこちらを見たら、もう一度「NO」と念押しを。**自信がついたら言葉だけで犬が反応するようになる**ので、ホームリードをはずしましょう。「ほめないの?」と不思議に思うかもしれませんが、僕は犬が正解の行動をしたら「天才!」とほめます。でも、日常で使うのは行動を訂正する「NO」中心。まずは1週間真似してみてください。

お困り 29

おやつがないと言うことを聞かなくなってしまいました！

おやつを見せびらかすと、持っていないことがバレます。まずは持っているふりをして、徐々になくしていきましょう

犬は意外とちゃっかりした動物で、自分にとって損か得かを考えて行動します。しつけやトレーニングのときにおやつを使えば、「言うことを聞くとおやつをもらえるから得だ」と考えて行動するので、楽に教えられますよね。

一般的におやつを使うときは、**「スワレ（指示）↓犬が座る↓ほめる↓おやつをあげる」**という流れで教えます。犬は学習するのが得意なので、この流れを繰り返せば「ほめられたら次におやつがもらえるぞ」とすぐ覚えるんです。おやつをもらえる前のほめられた段階でうれしい気分になるので、良いことが前倒しになり、**必ずしもおやつをあげなくても**

言うことを聞くようになります。

ところが「おやつを見せる→スワレ（指示）→犬が座る→ほめる→おやつをあげる」という順番にしていると、最初のおやつの印象が強すぎて「おやつがないから言うことを聞かない」ということに。**おやつを見せるのをやめて**、「手の中に握る→指示を出す」という順番に変えます。言うことを聞くようになったら、おやつをポーチに入れて〝手の中に握ったふり〟をして指示を出し、従ったらおやつをあげます。ただし、最後はあげずに終わらせます。途中もおやつをあげたりあげなかったりして減らしていけば、おやつなしでもできるようになるはずです。

お困り 30

何かあるとつい犬を怒ってしまう……。やっぱり体罰はダメですよね？

人間は犬に対して体罰をうまく使えず、ただの暴力になってしまいます。別の方法を試して！

僕は施設でたくさんの犬とくらしているので、リーダー的な犬がルールを破った犬に教育的指導をしているところを見かけます。言ってみれば体罰に近いですよね。ただしガウッと一喝するタイミング、牙を当てる力加減やスピードが実にお見事！ 叱られた犬も一瞬で理解してルールをちゃんと守るようになります。本当に効く体罰は1回で終わるんです。でも、僕が受ける相談は「犬を叱っても叩いても直らない」という悩みがほとんど。人間は**犬みたいに体罰を使いこなせず、暴力を振るうだけ**になっているからではないでしょうか。

昔は犬に対する体罰が当たり前の時代もありました。でも現在の「犬は家族」という考え方にはそぐわない方法ですよね。それに暴力がルールになれば、**犬は勝てない相手には従いますが、弱い人には咬みつく**ようになります。家族全員が暴力で押し通すのは無理です。たとえ成功したとしても犬は萎縮するので、楽しいドッグライフとはほど遠い生活になってしまいます。

僕はずっと、犬のしつけや問題行動の改善に暴力は必要ないと言い続けています。犬を迎える前に思い描いていたくらしができるように、**体罰や暴力ではない別の方法**を試してほしいと思っています。

お困り 31

信頼関係が大切と言いますが、どうすればそういう関係ができますか？

家族の近くでくつろぐようになったら名前を呼んで。関係ができれば飼い主を受け入れてくれます

「信頼関係」とは、犬が家族に心を許して頼ってくれる関係のこと。まずは日常生活の最低限の世話だけしてあげて、**飼い主さんは自分を守ってくれる〝保護者〟のような存在**だと理解してもらうことから始めましょう。犬を迎えたばかりなら、問題行動がある場合の信頼関係づくり（Ｐ20）を。家族の近くでくつろぐようになったら信頼関係ができつつあります。

次に、日常の世話をする前に名前を呼んでください。「マル、散歩だよ」「アキラ、遊ぼう」と声をかけていれば名前と良いことが結びつき、飼い主さんにより意識を向けるよう

に。**犬にとって名前は〝自分〟を表す言葉**なので、むやみに呼ばず大切に使ってください。

やがて何気ないときに目が合い、名前を呼ぶと振り向き、不安なときに寄ってくるようになり、苦手なことも「飼い主さんがそう言うなら」と受け入れてくれたら信頼関係が結べた証拠！　信頼とは関係なく甘やかす人にも寄っていきますが、〝保護者〟と〝甘やかす人〟では、いざというときに守ってくれる親とお年玉をくれる親戚みたいな違いがあると思いませんか？

特に日本犬や元野犬は信頼関係が重要。時間がかかってもいったん結びつきができれば崩れません。

お困り 32

主従関係や上下関係とはどんなもの？信頼関係以外にも必要でしょうか？

犬の信頼を得てから家庭のルールを教えましょう！飼い主が主導権を握れば安心して任せてくれます

僕は信頼関係と同じくらい**「主従関係」**を大切にしています。**飼い主さんが主導権を握り、犬が任せてくれる関係**のことです。信頼関係が親に近い保護者とすれば、主従関係での飼い主さんは**家族や仲間を導くリーダーのような存在**ですね。ただし、人が上位に立って下位の犬を支配する「上下関係」は一方的に命令する軍隊の階級制度に近く、コミュニケーションが必要な家庭犬には不向きだと思います。

まずは犬の信頼を得て、飼い主さんを目で追うくらいになってから主従関係づくりを始めましょう。次に家族会議（P98）で決めたルールを一貫性のある態度で教えていけば、

犬にとって家族全員が任せられるリーダーになれます。

犬の行動に振り回されず、安心して留守番させることができる、そして犬が「NO」の言葉に従うようになれば、主従関係ができたと考えていいでしょう。**問題行動につながる要求や主張も減っていきます**よ。

甘えるふりで要求を通すのがうまいトイ・プードルや、指示で動くのが得意なジャーマン・シェパード・ドッグには、「スワレ」などの指示を教えるトレーニングも有効ですが、あくまでも飼い主さんが主導権を握っていることを伝えるための手段。優先すべきは家庭犬のしつけです。

お困り 33

「スワレ」の姿勢がなんかヘン！指示を出してもすぐ立つこともあります

関節の痛みの可能性もあるが、癖や覚え間違いかも。必要なら指示に対して正しい姿勢を教え直しましょう

「スワレ」の姿勢が前足が開いたり後ろ足が崩れたりしていたら、**関節などの痛い部分をかばっている可能性もある**ので、まずは動物病院を受診しましょう。体調に問題がなければ癖や覚え間違い。**「惜しい姿勢」のときにほめていると犬は勘違いしてしまいます**。ちゃんと座らせたい場合は、犬の鼻先の少し上におやつやおもちゃを出して気を引くと、伸び上がってから座り直すのでピシッとした姿勢になりやすいです。「スワレ」の指示として教え直したい場合は、崩れている足を触って正しい位置に戻してから、「スワレ」と指示を出します。ほかには、リードを前足がギリギリ浮くまで上に引いてからゆるめ、正

しい姿勢で座り直す直前に「スワレ」と指示を出す方法もあります。勘違いしてフセをしてしまう場合も、**リードや手で誘導して座った姿勢に戻して再度指示を出しましょう**。

すぐ立ってしまう場合は「マテ」の指示を教えます。座らせたらすぐ手のひらを見せて犬の気を引いて動きを止め、1歩下がって戻ってほめてください。距離を2歩、3歩と延ばし、犬が動いたら「NO」と言って元の位置に戻します。5歩まで延ばせたら「マテ」と指示をつけます。次に座って待つ犬を残して部屋を出てドアを閉めてからすぐ開け、動いていなければほめます。1分を目標に時間を少しずつ長くしましょう。

お困り
34

名前を呼んでも来ないのはなぜ？来たと思っても、手前で止まってしまいます

犬はメリットがなければ行動に移しません。得するときに呼ぶ習慣と呼び戻しのトレーニングを

犬を呼んでも来ないことがあるのはどうしてでしょうか？　答えは簡単、得しない（損する）から。飼い主さんが日常生活の中で犬を呼ぶシーンを思い出してみてください。イタズラを止めるとき、シャンプーをするとき、公園やドッグランから帰るとき……など、犬にしてみれば**楽しい時間の終わり（嫌な時間の始まり）**が多いのではないでしょうか。

呼んだときに来るように手っ取り早く教える方法は、まず**犬が得しない（損する）ときには呼ばない**こと。次に食事や散歩などの得するときに「○○（名前）、コイ！」と明るい

声で呼んで、来たらしっかりほめましょう。1週間で反応が変わります。

しっかり教えたい場合は、「コイ」の指示で確実に来させる呼び戻しのトレーニングが必要です。ホームリードをつけた犬を座らせてからマテをさせ、50㎝ほど離れてしゃがみ、「○○（名前）、コイ！」と呼んで手元まで来させましょう。2ｍまで延ばすのが目標。来なければ「ＮＯ」と告げてからホームリードを引いて手元まで来させます。中途半端な位置でほめたり手を伸ばして捕まえたりしていると、手が届くギリギリ手前で止まり、ジリジリ下がったりするようになるので**必ず手元まで呼んで**くださいね。

お困り35

犬の居場所にはクレートがいいそうですが、狭くてかわいそうな気がします

ハウスは狭いほうが落ち着きやすいもの。災害時にも役立つのでぜひクレート・トレーニングを！

犬は自分が弱いことを知っているので、本能的に外敵に襲われにくい狭い場所を好みます。ハウスには、丈夫なプラスチック製のクレートがおすすめ。サイズがコンパクトなため、「犬を閉じ込めるもの」だと勘違いする人もいますが、決してそんなことはありません。家族と過ごす居住空間は広いに越したことはありませんが、ハウスは狭いほうが犬は落ち着きます。クレートに慣れていない犬には、トレーニングで安らげる場所だと教えましょう。災害時にも役立ちます。

クレートの大きさは、犬が中で自然な姿勢で立ったり横になったりできるくらいが目安。

【クレート・トレーニング】

①クレートの奥にごはんを置いて食べさせ、入る習慣をつける（扉は閉めない）。

②クレートの前で膝立ちになり、足の間に犬を入れて顔をクレートの入り口へ向かせる。顔を別のほうへ向けようとしたら、手でクレートの入り口へ戻す。

③犬は視界にクレートしか入らないので、徐々に興味が出てきて自主的に入る。

④Uターンして出てきたら②〜③を繰り返す。

⑤クレートの中で、落ち着いて過ごせるようになったら、扉を閉める。

⑥扉の中で過ごす時間を10分→20分→30分→1時間……と少しずつ延ばす。

お困り
36

指示を何回も何回も出さないと、言うことを聞いてくれません！

他のことに気を取られていたら指示は聞こえません。トレーニングは犬が飼い主に集中できるときに！

犬がそっぽ向いているのに、オスワリなどの指示を連発している飼い主さんをよく見かけます。違うことに夢中になっていたら、人間だって気づきませんよね。それに「オスワリ、オスワリ、オ・ス・ワ・リー！」なんて言っていると、**犬はそれらを全部まとめて1つの指示**だと勘違いするかも。また、指示を出しても言うことを聞かない場合に放置すると、犬は「指示に従わなくてもいいんだ」と学んで意図的に無視するようになり、やがて「俺に指図するな」という主張が出て問題行動につながることも……。**指示は「スワレ」と命令調で1回だけ**。出したからには必ず実行させるのが基本です。

［指示をしっかり教えるための流れ］

①犬が集中できそうなときに練習する。違うことに夢中になっていたら指示の声に気づけないので、最初は周りの刺激が少ない室内や庭で始める。

②名前を呼んで意識を向けさせる。別のことに気を取られると周りの音や声が耳に入らないので、名前を集中の合図に。

③指示は1回が基本。従わない場合は10秒ほど待ってから口笛、舌打ち、手拍子、足踏みなどで音を立てて犬の意識をこちらに向けさせてから、2回目の指示を。

④それでも無視する場合はホームリードや手で誘導して必ず実行させる。

Column

3

「犬のしつけ」でいったい何を教えればいいの？

迎える前のイメージを実現できるように育てましょう！

飼い主さんからしつけの悩みを聞いていると、難しく考えすぎて問題を複雑にしている人が多いと思います。犬のしつけは簡単。迎える前に思い描いていたイメージを実現できるようにくらしていけばいいだけです！

おしゃれなドッグカフェに出かけたい、一緒に縁側でひなたぼっこしたい、キャンプに行ってアウトドアを楽しみたい……そんな楽しいことをイメージしていたと思います。まさか吠える犬や咬む犬に悩む自分を想像していませんよね。困ったときこそ立ち止まって家族会議がおすすめ。

◆

僕が考えるしつけは、犬に家庭や社会のルールを教えること。「スワレ」などの指示を教えるトレーニングは後回しでいいと思っています。もし子どもだったら、と考えてみてください。まずは安全な環境に整えたうえで危険なことや悪いことを止め、良いことをほめて道徳やモラルを身につけさせますよね。いきなり「スワレ」なんて指示を教えようとは思わないでしょう。ところが犬になると、警察犬を目指すわけでもないのに指示を教えることが優先されがち。不思議だと思いませんか？　縁があって迎えた犬と家族や仲間になるためにも、信頼関係と主従関係につながるしつけを優先しましょう。

◆

とはいえ理想を押しつけてばかりではお互いにストレスになってしまいます。犬にも向き不向きがあり、飼い主さんのスキルもさまざま。極端な例を出せば、チワワと真冬に登山をしたい、シベリアン·ハスキーとひなたぼっこだけしていたいという理想を目指すのが幸せかどうか、わかりますよね。どこかで折り合いをつけることもぜひ考えてみてください。

Part

4

苦手なものや食事、性格……あるある お悩み

犬と生活するうえでのちょっとした困りごと、
結構ありませんか？
細かい疑問にお答えします！

お困り
37

家にかわいい子犬がやって来た！でもどう育てればいいですか？

生後4か月までに集中して人や物事、環境に慣れるための「社会化トレーニング」を

子犬がやって来たら、楽しくも慌ただしい毎日がスタートします！　適応力が高い生後3〜4か月ごろまでの「社会化期」に、**人間社会で生きていくために必要な経験を積ませる「社会化トレーニング」**をすれば心身が安定した犬に育ちます。

散歩デビューは免疫力がつくワクチン接種後からが推奨されていますが、待っているうちに社会化期が終わってしまうので、過保護は禁物。飼い主さんが親犬の代わりに家庭や社会での生き方を教えてあげて。獣医師に相談して、ワクチン接種前は抱っこやスリング、クレートでお出かけしてみましょう。

【子犬の社会化トレーニング】

・人：いろいろな年齢・服装の人に頼んでなでてもらう。ホームセンターや駅の入り口などの人出がある場所に出かけて周囲を見せる。

・犬：ワクチン接種済みの犬と交流させる。「犬の幼稚園」を利用するのも一案。

・もの・こと：ブラシや爪切りなどのケアを少しずつ試す。車やバイクなどを見せる。

・音：動画サイトなどで踏切や雷、掃除機の音を聞かせる。最初はボリュームを小さく。

・環境：クレート・トレーニングをする。動物病院やトリミングサロンを訪問する。草むらや砂利道などの足場を経験させる。

お困り 38

保護犬に興味があります！どうやって迎えたらいいでしょうか？

譲渡会や保護施設に足を運んでみて！迎える前に信頼関係を結んだほうが慣れやすいです

保護犬は、行政の動物愛護センターや民間の動物保護団体から迎えることができます。たくさんの保護犬が集まる「譲渡会」で探すほか、ホームページに公開されている情報をもとに保護施設へ面会に行く方法もあります。人に慣れた元飼い犬や元繁殖犬もいれば警戒心が強い元野犬もいて、飼いやすさが大きく異なります。迎える前に**行政や団体に保護された経緯を確認**し、必ず会ってから家庭に合うかどうかを確認してください。

保護犬には2週間程度のトライアル（実際にくらしてみる）期間が設けられていて、家庭に合わないと思えば考え直せるのが一般的です。ところが、トライアルを始めたあと家

庭に合わないことがわかり、譲渡を断ろうとしたら保護団体に引き取りを拒否された……という話も。**事前にトライアル後の対応をよく確認**しておきましょう。

保護犬を選ぶのに迷ったら、**家族がしゃがんで待ち、寄ってきた犬**がおすすめ。もし目当ての犬が来なかったら、翌日以降に出直して何度か試してください。警戒心が強いタイプは、世話する人と住む環境が同時に変わると不安が強くなり、信頼関係を結ぶまでに時間がかかります。住む環境を変えないように家族が団体に通って世話を手伝い、信頼関係を結んでから引き取ったほうが慣れやすいと思います。

お困り
39

シニア犬とのくらしって？ 将来の介護に備えておきたいのですが……

互いに苦ではない日常生活が介護につながるはず！ 困りごとや問題は若いころに改善しておいて

介護は、それまでの犬とのくらしの集大成。家族との関係はもちろん、それまでに教えた習慣やルールがすべて役立ちます。将来に備えるなら、日常の困りごとや問題行動を改善することから始めましょう。介護が始まると触ったり抱っこしたりする機会が増え、食事の介助も必要になるかもしれません。触られるのが苦手な犬や咬みつく犬の介護は、飼い主さんも大変ですが、犬も亡くなるまでずっとつらい思いをすることになります。

僕は咬み犬だったボーダー・コリーの介護が忘れられません。3歳のときに飼い主さんを咬んでから、保健所への持ち込みや訓練所への預かりを繰り返され、最終的に僕が引き

取ったときは12歳。人間不信の状態でした。改善の兆しが見えるころには介護が必要になり、咬む力がなくなっても咬もうとするほどで、どんなにつらかったことか……。**互いに苦でない日常生活**が介護への備えです。

実際に介護が始まったあとは、積極的に外に出る機会をつくってほしいと思います。室内を快適に整えたとしても屋外で得られる心地よさは格別で、犬の生きがいにもつながります。**犬が自力でできることをひとつでも残す**ために、寝たきりになってもおむつは最終手段として、排泄のタイミングでトイレや外へ連れていってください。犬も最後まで動こうという意思をもち続けられますよ。

お困り
40

犬も性格診断ってできますか？仲良くなれるコツを知りたいです

犬も意外と「タイプ」に分けられます。接し方の参考になるので、ぜひ試してみて

愛犬の性格に合わせた接し方やしつけ方を心がければ、今よりぐっと仲良くなれるはず。まずは左の診断テストで、愛犬に当てはまるものを選んでください。どれにいちばん多くチェックがつきましたか？

Aが多い……のんびりタイプ

穏やかな毎日を楽しみたいタイプ。自立心が強いので家族が好きでも距離を置きがち。日常のコミュニケーションを大切にしましょう（P76）。

[性格診断テスト]

A
- □ マイペースで頑固なところがある
- □ ひとりで過ごしていることが多い
- □ 愛情表現があっさりしている
- □ 仲良くする相手が決まっている
- □ 散歩のときはにおい嗅ぎに夢中

B
- □ 日々の細かいことは気にしない
- □ 飼い主が大好きでいつも密着する
- □ 甘えたいときは静かにアピール
- □ ひとりぼっちの留守番が苦手
- □ 運動はあまり得意じゃないかも

C
- □ 物事に熱しやすく冷めにくい
- □ いつも元気いっぱいでやんちゃ
- □ 遊んでほしくて家族にアピールする
- □ 全身をぐいぐい押しつけて愛情表現
- □ 散歩中に引っ張りや突進が多い

D
- □ ちょっとした出来事を気にする
- □ 怖がりなのに意外と大胆
- □ 家族に一途なところがある
- □ 仲間と体を動かすことが好き
- □ 外では落ち着きがない

Bが多い……おっとりタイプ

家族がいれば何もいらない一途なタイプ。飼い主も釣られて愛情過多になると分離不安症になるかも。互いに離れて過ごす時間をつくるのがコツ（P46）。

Cが多い……そわそわタイプ

気分が盛り上がりやすいタイプ。飽きない毎日を送れるが、犬のペースに巻き込まれると大変。飼い主自身も興奮を抑えて落ち着く習慣を心がけて（P14）。

Dが多い……ドキドキタイプ

不安を感じやすい繊細なタイプ。過保護に接しているとむしろ不安が増しがち。何事にも動じない態度で支えよう（P20）。

お困り 41

家族が犬の世話を手伝ってくれない！甘やかすからしつけもできません

何かにつけて家族会議を開いて決めましょう。「世話する人」から本当の「家族」になれるはず！

「ちゃんと世話するから犬を飼いたい！」と言った人が全然世話をしない……。飼い主さん宅あるあるではないでしょうか。家族が協力して取り組むことが大事なので、犬を迎える前はもちろん、生活していくうちに困りごとや問題点が出てきたら、**何かにつけて家族会議を開いて決めて**ください。世話の担当も分担してサボろうとする人がいたら声をかけて守らせて。ホワイトボードに議事録を書いてリビングに出しましょう。

家庭内のルールは、周りに迷惑をかけないことを前提に自由に決めてください。生活全般のことは、ごはんを落ち着いてからあげる、立ち入り禁止の部屋を決める、散歩のとき

に左側を歩かせる、トレーニングの指示を統一するなど、細かく決めるほどいいと思います。決めごとがあれば責任をもって守ったり犬に教えたりするので、全員の意識が犬に向きますよね。すると犬も全員を信頼するようになり、**「世話する人と犬」ではなく「家族」になれる**んです。

いつか愛犬が高齢になったら、治療や看取りの相談をする日がきます。家族で相談できず意見が分かれたままでは、最良の選択ができないかもしれません。日ごろから家族会議をする習慣があればしっかり話し合いができ、**愛犬もきっと安心して家族に任せてくれる**と思います。

お困り
42

キッチンや和室に入ってほしくない！ペットゲートを使えばいいでしょうか？

「見えるのに行けない状況」は犬が興奮しやすいので、問題行動のきっかけに。声をかけて禁止を教えましょう

犬が出入りできる部屋やスペースを限定したいこともありますよね。ペットゲートで行けないようにすれば簡単、と思っていませんか？　脱走防止対策として玄関前にペットゲートは必要ですが、他は基本的に不要です。ペットゲートで「向こう側が見えるのに入れない」状況をつくると、犬が興奮しやすくなって要求吠えが始まることもあるからです。それに家中にペットゲートがあったら、人間も出入りが面倒ですよね。

犬は**「ここに入ってはいけない」というルールをちゃんと覚えます**。まずは犬にホームリードをつけてから、出入りしてほしくない部屋の前に連れてきます。次に**犬が入ろうと**

したら「NO」と言って、リードで部屋の前まで連れ戻すことを繰り返せばやがて入らなくなります。少し時間はかかりますが、「入っちゃダメ」「ここで待ってて」と話しかけるだけでも理解してくれますよ。

どうしても心配であれば、犬の居住空間を家族がいることが多いリビングなどの一室に限定し、出入りの際にドア（または向こう側が見えないペットゲート）を閉めてください。

サークルの中だけで犬を飼うと、信頼関係ができないので要注意。檻の中にいる動物を眺めるだけではまるで家庭内動物園ですよね。愛犬を家族や仲間として迎え入れてほしいと思います。

お困り 43

家族の食事中に大騒ぎ！ ついおすそ分けしちゃうんですが、ダメでしょうか？

「ちょうだい！」とおねだりされるのも犬とのくらしの醍醐味。特に困っていなければ楽しんで！

家族の食卓のものを「ちょうだい〜！」とおねだりする愛犬に負けて、「ちょっとだけ食べる？」とあげたくなる気持ちはわかります。すると食事のたびに騒ぐようになるわけですが（笑）。でも、こういうおすそ分けのやり取りも楽しいものですよね。犬の健康に問題がない範囲で、量的にも少しだけなら、そのままでもいいのではないでしょうか。実は僕の食事中も愛犬たちは「くれくれ〜！」と大騒ぎ！　にぎやかに食卓を囲んできたので、急に静かになったら寂しくなると思います。

しつけの面でよくないと思われがちですが、常に優等生的な態度を求めなくても主従関

係は崩れません。子どもにおやつをあげたら急に素行が悪くなる、なんていうことはないですよね。**家庭内のルールは飼い主さんが決めて**ください。**家から一歩出たら周りに迷惑をかけないように**教えましょう。

近所迷惑で静かにさせたい場合、クレート・トレーニングやホームリードで別室に係留する方法などがあります。**吠えても何もあげないことを徹底して犬にあきらめさせる**のがコツ。１週間で変わると思います。10分経っても吠えるから仕方ない……とあげてしまうと、犬は「10分吠えればもらえる」と学習します。近所には事情を話してしばらく騒がしいことをおわびしておきましょう。

※ネギ類やチョコレートなど、犬に与えてはいけないものは絶対におすそ分けしないこと！
味の濃いものも避けてください。

お困り 44

掃除機、バイク、自販機……苦手なものを克服するにはどうしたらいい？

形から慣れさせて、次に音や動きの克服を。落ち着いていられるようになれば十分です

掃除機は苦手でもロボット型は平気という犬が多いので、どうもヘッドの形と音や動きが苦手のようです。まずは形から慣れさせて、次に音や動きの克服を。自動販売機やバイクカバーは形や音が嫌なよう。どちらも克服の練習は飼い主さんが**むやみに励まさず、無言で行う**のがコツ。克服できれば理想ですが、**難しければ逃げるが勝ち**でＯＫ！

［持ち運べるものの克服法／例：掃除機（旅行バッグや粘着式クリーナーなど）］

①部屋に掃除機のヘッドを置いて形に慣れさせる。犬が休めるようになるまで置いておく（おやつをヘッドに向かって投げて食べさせ、徐々に距離を近づける方法もあり）。

②音に慣れさせるため、犬の居住空間で掃除機のスイッチを入れて、近所迷惑にならない程度の時間（20〜30分程度）置いておく。
③犬が落ち着いていられるようになったら、スイッチを入れたまま掃除機を5㎝ほど近づける。それでも逃げたり吠えたりしなくなれば十分。

［持ち運べないものの克服法／例：自動販売機（バイクカバーやシャッターなど）］
①自動販売機の近くで、飼い主がしゃがんで体のどこかに犬にくっつけさせながらなでる。そのままジュースを購入する人をしばらく眺める。
②犬が落ち着いて休む姿勢になれたら十分。

お困り 45

雷や花火が鳴ると毎回おびえます……。「大丈夫だよ！」と声をかけても怖がります

怖がっている犬に声をかけるほど恐怖をあおります！無言で寄り添い、心の中で「安心して」と励ましましょう

犬はそもそも大きい音が苦手です。雷と花火には理解できない光や振動まで加わるので、強い恐怖からパニックを起こすことさえあります。「ハアハア」と息が荒くなる、震えが止まらない、この場から逃げるために暴れる……といった行動が強い恐怖のサイン。雷が苦手になった犬は気圧の変化にも反応しやすく、雨や台風にも不安を感じるようになることがあります。無言でおやつを見せて食べられるなら興奮度（P14）50％以下なので、「大丈夫」と声をかけて落ち着かせます。食べられなければ80％以上。安心させようと思って声をかけるほどパニックを助長し、もっと怖がらせてしまいます。**まずは飼**

い主さん自身が落ち着き、読書でもしながら「安心しなさい」という強い気持ちで犬を見守る。犬が近くにいるなら自分の体のどこかにくっつけさせる。犬が落ち着くまで無言で待つほうが改善しやすいと思います。

犬が狭い場所（クレート、リビングの隅、お風呂場など）へ逃げ込むのは、身を守るための習性。様子を見に行くとさらに隅に行き、連れ戻しても再び逃げようとするので、そっとしておいてください。犬が部屋に戻ってきたら何事もなかったように接しましょう。

雷や花火の日はパニックを起こして脱走する犬が増えるので、室内はもちろん屋外の環境も点検しておいてください。

お困り
46

人見知りで引っ込み思案の犬をフレンドリーに変えたいです

「友達100人できるかな」作戦を試してみて。でも、人見知りも個性と思って受け入れてほしい

散歩のたびに「かわいいですね～」と声をかけられては、喜んであいさつに行く愛犬。想像するだけで飼い主さんはうれしくなるでしょう。フレンドリーな犬のほうが飼い主さん同士も仲良くなれるので楽しみが広がりますよね。動物病院やペットホテルのスタッフとも顔なじみになれて、預けるときにも安心。引っ込み思案の犬がフレンドリーだったらいいのに、と思う飼い主さんの気持ちはよーくわかります。

しかし**犬種の特性や生まれつきの性格**もあるので、変えるのは簡単ではありません。人見知りでも怖がりでなければ、「友達100人できるかな」作戦を試してみるのはひとつの

案。**犬は信頼している家族が親しくしている人に安心感を持つ**ので、**飼い主さんがいろいろな人に話しかける様子を愛犬に見せます。**①最初は犬をかまわない、②犬が興味を示したら声をかけてもらう、という手順を頼んでおきましょう。子犬のほうが効果はありますが、成犬でも改善するはずです。

いちばん手っ取り早いのは、最初からトイ・プードルやゴールデン・レトリーバーといったフレンドリーな犬を迎えること。人見知りが多いチワワや柴犬に同じ作戦を試しても、フレンドリータイプの犬にはおそらくかないません。でも僕は、人見知りタイプの犬がなついてくれたときはとてもうれしいです！

お困り 47

いつまでも飼い主にしか慣れない愛犬。人混みも怖がるのは、どうすればいい？

まずは犬が「大丈夫な人」を増やすことが重要！友人に協力を頼んで一緒に散歩をしてみましょう

生まれつき怖がりの犬や、子犬の時期に人と接した経験が少ない犬は、慣れるまでに時間がかかります。まずは家族以外の人も怖くない存在であることを教えるために、**犬の気をそらしながら、人が近くにいる状況を受け入れる**練習を始めてください。

散歩の途中で友人に3m程度距離を置いてついてきてもらいましょう。1週間ほど経って犬が後ろを気にしなくなったら距離を徐々に縮め、飼い主の隣（犬の反対側）を無言で歩いたり、立ち止まっておしゃべりしたりします。犬が落ち着いていたら、飼い主さんがリードを友人に渡して犬を3歩ほど追い越し、リードを持っていないことを気づかせてく

ださい。犬は「あれ？」とは思うものの、その時点で友人にもかなり慣れているので、落ち着いて歩けるはず。

家族以外の「大丈夫な人」を増やしてから、近所の人と立ち話したり人とすれ違ったりすることを繰り返しましょう。慣れてきたら犬と商店街やホームセンターに行ってみて。犬には飼い主さんの気持ちが伝わるので、**心配しすぎないように見守る**こともポイントです。

ただし、人間とほとんど接したことがない元野犬を引き取った場合には無理は禁物！ 最初は野生動物と考えて、家族とも距離を保ってくらす最初の信頼関係づくりから。家庭で穏やかにくらせるだけで十分と考えて。

お困り 48

ごはんをなかなか食べてくれないのが悩みです。好き嫌いが多いのも心配……

病気で食べられない場合もあるので獣医師に相談！繊細・少食・燃費・好き嫌いタイプに合わせて工夫を

犬がごはんを食べないときは、**何か理由があって「食べられない」**と考えたほうがいいと思います。真っ先に思い浮かぶのは体調不良。食欲不振はいろいろな病気のサインなので、まずは獣医師に相談してください。

ただ健康に問題がなくても、**ちょっとした出来事で食欲が落ちてしまう繊細なタイプ**もいます。僕は犬がごはんを食べられない場合、水を飲むかどうかをチェックしています。水も飲めないときは先に水を飲ませる工夫（P116）を優先してください。水を飲んでいるなら、ごはんを置いてそっとしておけば食べられるようになる犬がほとんど。

子犬のころから食が細い場合は、やせているかどうかをチェック。やせている犬は**体調や性格による少食タイプ**。獣医師にフード選びから相談して食べる習慣をつくってください。苦手な食材や鮮度の劣化も考えられるので、フードの種類と保存方法を見直すことも大事ですね。やせていない犬は、**少量で足りる燃費がいいタイプ**。ぽっちゃりしている犬は、おいしいおやつやトッピングの味を知って**主食のフードを食べなくなった好き嫌いタイプ**。主食を食器に入れて出して立ち去り、15分後に戻っても食べていなければ片づけることを繰り返して。大半の犬は1～2日、頑固な犬でも3日程度で食べるようになります。

お困り 49

ごはんを出すとなんと5秒で完食！早食い防止用食器を使おうか迷います

「オアズケ」と早食い防止用食器こそ早食いのもと！興奮したら食べさせない習慣で落ち着かせましょう

犬は人間のように食べ物を咀嚼しないので、フードの小さい粒はあっという間に飲み込んでしまいます。食器に凹凸をつけた早食い防止用食器は、単に食べづらくしているだけで根本的な解決にはならないことがほとんど。犬が必死で食べようとするので執着心が出てきて、逆にフード・アグレッシブ（P26）の問題行動に発展することも……。

早食いの習慣を、飼い主さんが生み出していることもあります。食事の前に「いただきます」をするような感覚で、犬にも「オアズケ」をする家庭は多いのではないでしょうか？犬は目の前の食事を食べられない不安で食べる前から興奮状態になり、早食いを助長して

しまうのです。**「オアズケ」をやめて、食事の用意ができたらすぐ食べさせる**だけでも多少落ち着いていきます。

しっかり改善したい場合は、飼い主さんが食器を持って、「**犬が興奮したら食べさせない→落ち着いたら食べさせる**」、これを繰り返しましょう。食器に向かって突進するような犬は、ホームリードで柱などにつないでから実践を。食器を持った状態で落ち着いて食べられるようになったら、食器を台に置いてごはんの中断と再開を繰り返します。犬は前足の間にものがある（抱え込む体勢になる）と興奮するので、台で高さを出すのがポイントですよ。

お困り 50

水をあまり飲んでくれません。夏の散歩のときも飲まないので心配です

まずは健康チェックと落ち着ける環境づくりを！風味をつけたゼリーなどで、工夫して飲水量を増やしましょう

犬が1日に飲む水の量は、体重1kgあたり約50mℓといわれています。5kgなら250mℓ、10kgなら500mℓ、20kgなら1ℓです。人間（成人）の目安が1・2ℓなので、**犬のほうがかなり多い**のがわかりますね。愛犬の飲水量を計算してみて、少ないと思ったら要注意。体調に問題がなくても、犬は緊張や警戒で興奮（平常心ではない）状態のときは、**のどが渇いていることを意識できなくなる**からです。

僕は犬たちの毎日の飲水量をチェックして、**明らかに足りないときは落ち着けるように生活環境を見直して**、水を飲ませる工夫をします。放っておくと、体が水不足に慣れてきま

すます飲まなくなり、脱水症状などの不調につながることも。特に日本犬や元野犬は不思議と夏でも飲水量が少なめなので、**飲みたくなるような工夫**をしてあげてください。

水をぬるま湯に替える、ドッグフードをウエットフードに替える、フードにヨーグルトや魚の出汁を少しだけ混ぜて風味をつける方法を試してみましょう。水入れがプラスチック製の場合、においを嫌がることもあるので、陶器製やステンレス製などに替えるのもあり。僕は食器や環境を変えても飲水量が増えなかった犬に、ヨーグルト風味の寒天ゼリーを作って食べさせていました。ゼリーは大半が水分なので、おすすめです。

お困り
51

毎朝5時に起こされるのがつらい……人間側が早寝早起きしないとダメですか？

朝は布団をかぶって「たぬき寝入り作戦」を！目覚まし係をルーティンワークにさせないのがコツ

犬はルーティンワークを守るのが得意です。犬が起こしに来たとき飼い主さんがそれに応じて起きてあげると、〝**早朝の目覚まし係**〟が犬のルーティンワークに加わります。起きてから散歩に行ったりおやつをあげたりしたら、その働きぶりにボーナスを与えているようなもので、ますます張り切って飼い主さんを起こしに来るでしょう。毎朝決まった時間に起きる人には便利ですが、融通がきかないのが困ったところです。そもそも犬は多少不規則な生活でも支障はないので、人間側が早寝早起きに付き合う必要なし。散歩などの世話とコミュニケーションができていれば十分です。

犬に起こされたくない人は**「たぬき寝入り作戦」**を試してください！　顔をつついたりなめたりして起こそうとする犬もいるので、最初は頭から布団をかぶっておいたほうがいいでしょう。**吠えたりのられたりしても無視。**「人が起きたときが朝なんだ」と覚えてくれます。

犬に生活を振り回されているのは問題ですが、飼い主さんのほうに早朝の目覚まし係を楽しむ余裕があるなら、「あと5分！」の攻防戦もコミュニケーションの一環と考えてもいいでしょう。ただ、犬が急に起こしに来たときは、具合が悪かったり排泄を我慢したりしている可能性があるので早朝でも夜中でも応じてくださいね。

お困り 52

室内飼いと外飼い、犬にとって本当に快適なのはどっち？

適した居住空間は犬種や個性によって違うもの。室内でも外でも落ち着ける環境を整えることが大事！

犬は家族という発想からか、室内飼いが広まっていますよね。外飼いは虐待とまでいわれることもありますが、犬種や個性によって適した居住空間は変わるのではないでしょうか。寒さが苦手なチワワやトイ・プードルは室内で飼うべきですが、自立心が強い柴犬や運動量が多いボーダー・コリーならどうでしょう？　どこでくらしていても**毎日の世話をちゃんとして、散歩を一緒に楽しめるなら家族**ですよね。

僕は適さない居住空間が問題行動の一因になると考えています。室内飼いでも外飼いでも、**犬種や個性をもとに快適に過ごせる環境づくり**を心がけてください。

【室内飼いのポイント】

家族がいるときは室内で自由に過ごさせてもＯＫ。目を離すときは安心できるハウスとしてリビングや寝室に置いたクレートへ入れる。外の刺激が興奮のきっかけになるので、入り口をドアや窓ではなく壁に向ける。

【外飼いのポイント】

道路や玄関から離れた場所に、犬が自由に過ごせる天井つきの屋外用サークルを置き、目隠しフェンス（ラティスなど）で囲って犬舎にする。サークル内に風通しのいい木製の犬小屋を置き、入り口を壁に向けて設置する。母屋（自宅）と離れ（犬小屋）のイメージで快適で落ち着ける空間にする。

お困り
53

多頭飼いに憧れるけど、2頭目をどうやって選んだらいいかわかりません！

楽しいドッグライフが送れる多頭飼いはおすすめ！異性、3歳以上、同サイズがうまくいきやすい

僕は1頭目の愛犬を飼い始めてから半年後には2頭目を迎えたくらいで、多頭飼いの楽しさを実感しています。希望する飼い主さんには、ぜひおすすめしたい！

ただし犬にかかる時間や費用は倍増しますので、そこに余裕があることが大前提。**1頭目との関係づくりとしつけができ、問題行動がない**ことも大事です。それができていない段階で2頭目を迎えると、犬同士のほうが先に仲良くなって、ときには結託するので「犬の家族」と「人の家族」に分かれたり、2頭目にも問題行動が出たりします。また、3頭など奇数の多頭飼いは輪に入れない犬が出てくるので、**偶数のほうがうまくいきやすい**印

象があります。

［多頭飼いのおすすめの組み合わせ］

・性別：不妊・去勢手術を済ませた異性のほうがトラブルが起きにくい。メス同士は顔を合わせるたびにケンカになり、長期間に渡ってトラブルが続くことが多い。逆にオス同士は派手なケンカをしたあと、お互いを受け入れる可能性もある。

・年齢：手間がかかる子犬や老犬の時期が重ならないように、3〜5歳ほど離す。

・大きさ：サイズが近いほうがおすすめ。大型犬と小型犬では、思いがけない事故につながる可能性がある。

・性格：性格が似ている犬や同犬種が無難。

お困り 54

多頭飼いをスタート！ 2頭をどうやって会わせたらいいですか？

初対面でトラブルが起きると解決までに時間がかかります！ 多頭飼いを成功させるには初対面を慎重に

多頭飼いはスタートが大事！ **初対面のときにもめるとあとが大変**です。**犬同士が互いを受け入れるように飼い主さんが手伝って**くださいね。

【1頭目と子犬の会わせ方】※1週間程度かける

①2頭目をクレートに入れ、1頭目を部屋へ。心配ならホームリードをつけてもOK。

②クレート越しに姿形、におい、鳴き声などを認識させる。最初は3分程度から始めて時間を延ばす。1頭目が興奮したら「NO」で止めて中断。

③1頭目がクレートの近くで寝るようになったら、ホームリードをつけて2頭目を出す。

興奮したら1頭目を「NO」で止めて離し、2頭目をクレートに入れて中断。過剰に興奮しなくなるまで繰り返す。

【1頭目と成犬の会わせ方】※1か月以上かける

①まずは飼い主が1頭目を散歩に連れていき、途中で2頭目を連れた家族や友人とさりげなく合流。互いを気にしないくらい前後に離れて散歩を続ける。

②帰宅して1頭目を部屋へ2頭目を別室に入れ、家庭内別居を続ける。

③2頭で落ち着いて散歩ができるようになったら、互いのおしりのにおいを嗅がせる。もめなければ、一緒に帰宅してリードをつけたまま会わせてみる。

お困り
55

愛犬たちの相性が合わないみたい。仲良くさせる方法はありますか？

たとえ距離があってもトラブルがなければ大成功！いがみ合っているなら「引き戸作戦」で改善を

気が合うかどうかは犬次第。仲良しになれなくても、トラブルが起きないだけでよしとしましょう。２頭目が成犬に近づく8か月～1歳半ごろに仲が悪くなることもあるので、トラブルの原因になるおやつやおもちゃ、家族の取り合いを避けるのがポイントです。すでにトラブルが起きているなら「引き戸作戦」を試してみて！

［犬たちの仲を改善する方法］ ※1か月程度かける

①犬に散歩用のリードをつけ、引き戸（大きい板）を間に挟んで待機。

②引き戸を少しだけ開けてみて、犬たちがうなったらすぐ閉める。

③①〜②を繰り返して、引き戸を開けてからうなるまでの時間が延びたら、2頭の背後におやつを投げて食べさせる（顔の近くに投げるとケンカになる）。

④引き戸を開けても5分程度うならなくなったら間に飼い主が座り、手を左右に伸ばして犬たちにおやつをあげる。同じ空間にいられれば十分。

この「引き戸作戦」が難しいと思ったら、1頭目と2頭目の会わせ方を試してください。改善できたとしても、留守番中はチャイムなどの物音に反応して吠えているうちにケンカになることもあるので、居住空間を分けたりクレートに入れたりしたほうが安心ですよ。

お困り
56

動物病院がどうしても嫌い！震えたり暴れたりで診察になりません……

犬を無理やり動物病院に連れていっているからかも。自主的に入るまで根気よくUターンを繰り返してみて

犬の気持ちになってみれば、診察室に入った途端、押さえつけられる（保定）、チクッと刺される（ワクチン接種）、ひとりぼっちになる（入院）……など、嫌な経験ばかり積んだら苦手になってしまうのは当たり前。でも、診察できないほど嫌がるのは問題です。

動物病院を嫌いから好きに変えるのはかなり難しいので、**院内に自主的に入って飼い主さんの声が届く興奮度50％以下でいられるくらい**を目指しましょう。まずは抵抗感を減らすために、**散歩のついでに立ち寄ってすぐ出る**ことを繰り返してください。

無理やり連れていくと「何するんだ！」と反発が大きくなるので、犬が納得して自分か

Uターンをくりかえして進む

ら入るように誘導する方法もあります。犬を連れて**動物病院の入り口に向かって歩く↓止まったらUターンして再度入り口へ**、これを犬が自主的に入るまで無言でひたすら繰り返す方法もあります。

どうしても動物病院を好きにさせたいなら、獣医師やスタッフに頼んで「動物病院大好き作戦」を。最初は楽しく触れ合うだけ、遊びに行くだけ、フードをもらうだけにしておき、**好感度を積み重ねておきましょう**。好感度ゼロからマイナスに転じるのは早いけど、プラスの貯金があればちょっとやそっとの嫌な経験ではマイナスになりにくいもの。子犬や若い犬はこれで改善するかもしれません。

Column

4

犬と一緒に飼うときに注意が必要な動物

動物の本能や習性にもとづき安全な飼育環境をつくる

猫やハムスターとの「異種多頭飼い」は、命に関わる事故が起きる危険があるので、犬同士よりも注意が必要です。それぞれの動物の本能や習性を理解したうえで、人間はもちろん動物同士の細菌や寄生虫などの感染症対策も忘れずに！

■猫
犬と同じ捕食動物（獲物を捕らえる側）。リーチが長いのでたいていは犬より強く、危険があれば上下移動ですばやく逃げられることが多い。動物保護団体に相談して、犬に慣れている成長した保護猫を迎えるほうが無難。

■ハムスター・ウサギ・小鳥
被捕食動物（獲物になる側）なので、近くに犬がいる状況にストレスを感じる可能性も。犬に本能のスイッチが入れば襲われることもあるので、飼育環境を分けたほうがよい。

■爬虫類・両生類・魚類
捕食動物もいるが、大きさによっては犬に襲われる。有毒生物であれば犬も危険なので接触しないように注意すること。

異種多頭飼いを始めるときは、猫なら犬の多頭飼いを参考に対面させて、犬が手荒くしそうになったら「NO」の言葉で止めましょう。目を離すときには居住空間を分けたり、どちらかを壊れにくい頑丈なケージに入れたりしてください。他の動物は、あらかじめ居住空間を分けておくほうが無難です。

事故が起きれば互いの命に関わることもあり、残った動物を今までと同じようにかわいがれなくなるかもしれませんよね。人も動物も「多頭飼いでよかった」と思えるくらしが送れるように考えてあげてください。

Part

5

お散歩・お出かけの困った！

楽しいはずの、犬とのお散歩やお出かけ。
でも何かと心配ごとは尽きませんよね。

お困り
57

散歩は毎日行かないとダメ？室内や庭で運動させているから大丈夫？

飼い主との大切なコミュニケーションの時間。忙しい日も、10分でもいいから散歩に行ってほしいです！

小型犬の飼い主さんから、犬を迎えるときペットショップの店員さんに「室内で運動させていれば散歩はいらない」と言われたという話を聞きました。みなさんは本当にそのとおりだと思いますか？　犬にとって散歩の目的は運動だけではありません。僕はむしろ運動以外の役割が大きいと思っています。家を出て情報収集する、家族や仲間と協力する、いろいろな相手と交流する……人間の生活と変わらないでしょう。もともと犬は、仲間と協力して長距離を移動する追跡型の狩りをしてきたので、**散歩には本能を満たす役割もあります**。だから散歩は毎日必要なんです。

庭やドッグランで遊ばせていれば問題ないと思うかもしれませんが、飼い主さんとコミュニケーションがとれなければ関係づくりもできなくなってしまいます。**毎日10分でもいいので散歩を習慣に**し、時間があるときは、一緒に自然が多い場所へ出かけるのもいいですね。

飼い主さんの気持ちはリードを通して犬に伝わるので、持ち方を変えるだけでコミュ力がアップします！　右手はリードがはずれないように持ち手を手首に巻いてしっかり持ちます。左手は指示をスムーズに送れるように力を抜くのがコツ。**力を入れると犬に緊張感が伝わるので手を添える程度に**しましょう。

お困り
58

首輪とハーネスはどっちがいいの？いつも選ぶのに迷ってしまいます

通常の生活であれば、基本的に首輪がおすすめ。犬種によってはハーネスを選ぶなど臨機応変に

首輪とハーネスでは、そもそも用途が違います。**首輪は散歩や係留のために使われてきた道具**です。散歩のときに飼い主さんが犬と並んで歩くリーダーウオーク（Ｐ１４０）をすれば、ちょうど足の横あたりのコントロールしやすい位置に首輪がきますよね。シンプルなベルトタイプがおすすめですが、犬が首輪に慣れるまでは着脱が簡単なクイックリリースタイプでもいいでしょう。サイズ調整は**小型犬が首と首輪の間に小指の第一関節がギリギリ入るくらい、中・大型犬が小指〜中指が入るくらい**のジャストフィットを心がけて。散歩中にゆるくつけていると抜けてしまうので危険です！　自宅にいる安全なときは

ゆるめてもＯＫです。
ハーネスはもともと犬にそりや荷車を引っ張らせるための道具なので、犬に指示を伝えたりコントロールしたりするのが首輪より難しいです。僕は飼い主さんにはあまりおすすめしていません。それにハーネスはジャストフィットに調節しても、犬が後ろに下がった拍子にスポッと抜けることがあります。遊んでいるうちに足が抜けて転ぶことも。
ただフレンチ・ブルドッグのような短頭種だと、気管への負担を少しでも減らすためにハーネスでもいいでしょう。胸を覆うようなタイプや肩の動きを妨げない形状を選んでください。

お困り
59

首輪とハーネスを両方つけています！こうすれば抜けないから安心ですよね？

それよりも、首輪を2本つけてからジョイント金具でまとめてリード1本だけつける方法がおすすめ！

首輪とハーネスを両方つけて、それぞれにリードをつなぐ「ダブルリード」という方法があります。もし首輪、ハーネス、リードのどれかがはずれても脱走を防げる対策として知られていますよね。たしかに安心なので僕も保護犬に試してみたのですが、リードが2本になるので指示を伝えづらく、散歩でコミュニケーションをとりながら信頼関係をつくっていくにはちょっと不向きだと感じました。加えて、飼い主さんから首輪とハーネスがスポンッと同時に抜けたという話を聞き、サイズ調節に問題があったとしても不安になりました。

そこで、**ベルトタイプの首輪を2本つけてから自作のジョイント金具でまとめ、リードを1本だけつける方法**を試したところ大成功！　散歩に慣れていなくて暴れがちな元野犬に試しても抜けませんでした。自作でなくても、ジョイントリードや2頭引きリード（Y型の先端に金具がついているもの）が市販されているので試してみてください。

リードの金具の破損が心配なら2本の首輪にそれぞれリードをつけてもいいのですが、指示を伝えづらいだけでなく、歩いているうちに2本のリードがねじれて犬の首と人の手が痛くなることも。手間でもリードがねじれたらほどいてくださいね。

お困り60

散歩中、あっちこっちに歩くうちの犬。伸縮リードが便利だけど、問題ありますか？

リードは平ひもタイプを使い、伸ばしたいならロングリードを。伸縮リードは、犬や飼い主、周囲を危険にさらすことが！

散歩のときは、伸び縮みしない**ナイロン製の平ひもリード**を使ってください。装飾がなく軽くてシンプルなリードなら、飼い主さんがちょっと引くだけで合図が犬に伝わります。幅1・5〜2㎝、長さ120〜180㎝を目安に選びましょう。衝撃を吸収する持ち手やクッションつき、たすきがけ用の長いもの、しめ縄のような太いロープもありますが、リードの合図が犬に伝わりづらいのが難点。これらは犬が引っ張ることや飼い主さんが楽することを前提にした製品なので、できれば平ひもリードで歩調を合わせて歩けるように練習してほしいと思います。

ロングリードの使い方

そして伸縮リードですが、飼い主さんの合図が伝わらないだけでなく、**とっさのときに犬を止められません**。犬が車道に飛び出したり他の人や犬に向かっていったりした場合、重大な事故につながってしまいます。

便利に見えても、**使いこなすには相当のスキルが必要な道具**なので、散歩のときには絶対に使わないでください！ 周りに人や犬がいない公園などで自由行動の時間をつくりたいなら、平ひものロングリードのほうが無難です。持ち手を手首にかけてからリードを親指にかけ、リードを持って両手を伸ばした先を親指にかけることを繰り返して束ね、長さを調節してください。

お困り
61

散歩が好きすぎて大興奮！リードをずーっと引っ張るので困ります

興奮しているときに出かけなければ、1週間で改善！「リーダーウオーク」も教えてみてください

散歩中の引っ張りは、犬が出かける前から興奮していることが原因です。飼い主さんの根気があれば1週間で変わります！　犬の興奮度（P14）が**50％を超えたら出かけない、40％以下に下がったら出かける**、これを徹底してください。最初は「用意する→興奮する→行かない」を繰り返し、部屋から門扉までを淡々と行ったり来たりしましょう。僕が引っ張りを直すのに苦労したアメリカン・ピット・ブル・テリアは、毎日10回くらい繰り返して1か月ほどかかりましたが、今では歩調を合わせて歩けるようになりました。犬は散歩の時間を推測して興奮するので、出かける時間をずらす工夫も有効です。

出かける前の興奮度を下げても散歩中に引っ張る犬には、飼い主さんが主導権を握って歩く「リーダーウオーク」を教えましょう。**犬の耳が人の足から出ない位置で並んで歩くトレーニング**です。犬が前に飛び出したらUターンするだけ！　犬は引っ張られると引っ張り返すので、リードをたるませておくのもコツ。何十回でも繰り返せば必ず改善します。首輪と平ひもリードを使ったほうが教えやすいのですが、やむを得ない場合はハーネスでもOK。「引っ張られるかも……」という弱気なメンタルでは改善しづらいので、姿勢を正して（P20）「ついてきなさい！」という強い気持ちで教えましょう。

お困り 62

犬なのに散歩が嫌いってヘン？ 嫌がるなら行かないほうがいいでしょうか？

外への経験不足でキャパオーバーの状態なのかも。社会化トレーニングで散歩の楽しさを教えてみて

外に出れば視界がパアッと開けて、いろいろな音やにおいも感じられて気持ちいいですよね。犬も同じように感じるはずですが、なかには散歩が苦手なタイプもいます。決して嫌いというわけではなく楽しみを知らないだけ。居住空間以外での経験を十分に積んでいない犬やネグレクト（飼育放棄）されていた犬は、**大量に押し寄せる情報量でキャパオーバーになり、不安や恐怖で固まったり暴れたりする**んです。

経験不足の犬は社会化トレーニング（P90）を始めましょう。家の前でリラックスできるようになるまで無言で寄り添って待ち、次に10m離れたところにキャリーや抱っこで連

れていって帰り道を歩かせます。徐々に距離を延ばしていきましょう。
お出かけは好きなのに散歩が嫌いな犬で怖がりのタイプなら、近所の散歩コースへの社会化不足。外の環境には慣れているはずなので、家から500m程度離れたところへ連れていってから歩かせて帰宅することを繰り返し、距離を延ばします。好奇心旺盛で体力があるタイプなら、**退屈や運動量不足**が原因なので遊びで体を動かす楽しみを加えて。
元野良犬や元野犬の場合、リードにつながれて自由を奪われたことに恐怖を感じます。人と歩くことやリードに対する社会化トレーニングが必要です。

お困り
63

散歩中、ダラダラ歩いてにおい嗅ぎばかり。つまらないからついスマホを見ちゃいます

ハラハラドキドキがないのは理想だけどスマホはNG！においい嗅ぎは場所を選べばOKです

いつものコースをのんびり歩けるって、理想の散歩ではないでしょうか？　犬を迎えたばかりのころはハラハラドキドキの連続だったはずで、ダラダラ歩くなら落ち着いてきた証拠。僕はマンネリとは思いません。

もしワクワクを増やしたいということなら、散歩コースを逆に回ったり角を手前で曲がったりする**ちょっとしたアレンジで気分を変えて**みましょう。公園でボールやロープで遊んだり休日に出かけたりするサプライズもおすすめ。

におい嗅ぎばかりで困るというなら、**犬が頭を下げないようにリードを短く持ってスタ**

スタ歩きましょう（Ｐ１４６）。犬が止まったときに「早く行こう」とリードをツンツン引っ張ると、ますます動かなくなるので先へ進むのがベスト。あとは一緒にジョギングすると犬は単純なので走ることに夢中になり、におい嗅ぎはもちろん他の犬への吠えもなくなりやすいんです。ただしにおい嗅ぎのような本能的な行動はストレス解消にもなるため、**安全な場所では自由時間を設ける**ことも大切。

飼い主さんは犬の保護者なので、散歩中に長時間目を離すのは絶対ダメ！　スマートフォンを見たり音楽を聴いたりしていれば犬から気がそれるのでなるべく避けて、散歩のときは周囲の安全を確認してください。

お困り

64

落ちているものを何でも食べようとする！どうしてこんなに意地汚いんでしょう？

拾い食いをさせないのがいちばんの対策！口にしてしまったらリードを持ち上げて、離すまで待ちましょう

ふと気づいたら、与えた記憶のない何かをモグモグ食べている！　とびっくりしたことはありませんか？　犬の「拾い食い」には悩まされますよね。もともと犬は食べ物探しに時間を費やす動物で、狩猟だけでなく採集もするのですが、危険なものまで口にしてしまうのが困りもの。しかも人間より早く見つけますから……。

においを嗅ぎは情報収集やストレス発散になるので悪いことではありませんが、**安全が確認できない場所では犬が頭を下げられないようにリードを短く持って通過**しましょう。まず拾い食いをさせないのがいちばんの対策です！

もし拾い食いをしてしまったときは、犬の前足が浮くぐらいまでリードをゆっくり持ち上げて、口から離すまでひたすら待ち続けてください。犬が口から離したら、足をゆ〜っくり動かして踏んで隠してしまいましょう。足をすばやく動かすと犬も反射的にすばやく取り戻そうとするので注意してください。

絶対にやってはいけない対応は、無理やり取り上げること！ 犬は取られまいとあわてて飲み込んでしまい、中毒や誤飲の事故につながります。また、飼い主さんを「大切なものを奪う強盗」扱いして攻撃してくるかも。ただし、本当に危険なものをくわえたら、咬まれる覚悟で取り上げるしかありません。

お困り 65

前に脱走したことがあるので、とても心配。逃がさないための注意点を知りたいです

外への好奇心や環境への不安などいろいろ。犬を追いかけない・寄ってこさせる習慣が大事！

犬が家から脱走する主な状況は、ドアが開く瞬間を狙ってすばやく出ていく（好奇心が強い犬）、開けたままのドアや窓からトコトコ出ていく（マイペースな犬）、不安や恐怖を感じて逃げる（迎えたばかりの保護犬や雷が苦手な犬）、この3つです。脱走を防ぐには、玄関のドアの前にペットゲート、門扉の前にフェンスを設置。ドアや門扉、窓を開けるときには、足元や後ろに犬がいないことをしっかり確認してください。来客が不意にドアや門扉を開けても出られないようにしておきましょう。

犬のほうから飼い主さんに寄ってこさせる習慣も重要！　犬を追いかけ回したり離れて

も無理に連れ戻したりしていればサッと逃げる癖がつくからです。また、「うちの犬は玄関に降りない」「勝手に出ていかない」という思い込みは禁物。小型犬でも玄関に飛び降りるし、そのときの気分で出ていきます。

もし家から脱走したり散歩中に首輪がはずれたりして、犬がノーリードの状態で屋外に出てしまったら、**呼び戻す「コイ」や動きを止める「スワレ」「マテ」の指示**を。ただし犬が興奮していると指示に従わないこともあるので、まずは名前を呼び、おやつを見せたりおもちゃを鳴らしたりして気を引きながら、**反対方向（安全なほう）へ全力で走って**近くまで呼んでください。

お困り66

他の犬を怖がって隠れてしまいます。犬なのに犬が苦手なのはどうして？

犬に慣れていないから接し方がわからないのかも。あいさつの練習を積んで「大丈夫な犬」を増やしてみて

社会化不足で犬に慣れていないと、「犬が苦手な犬」に育ちやすくなります。日本では法律で生後56日以下の犬を販売してはいけない（日本犬専門のブリーダー以外）ので、母犬やきょうだい犬と過ごす時間はある程度確保されているはずですが、違う犬種や年齢の犬と触れ合う機会はかなり少ないと思います。さらに家庭に迎えてから他犬に会う経験を十分に積めなかった場合、相手の出方や犬との接し方がわからなくて怖がるように。また、犬に吠えられてから苦手意識が芽生えることもあります。

すでに犬を怖がるようになっているなら、**どんな犬に会うかわからない散歩中に慣れさ**

せようとするのは逆効果。まずは「大丈夫な犬」を増やしましょう。**穏やかな犬の飼い主さんに頼んで、あいさつの練習から**始めます。愛犬が慣れている場所（自宅や近所）に相手の犬をつなぎ、愛犬が自分から近づいておしりを嗅ぐまで見守ってください。飼い主さんの緊張感が犬に伝わるので、リラックスした気持ちで待つことが大切。やがて恐る恐る近づいて1分ほどにおいを嗅げるようになります。数日おきに繰り返して慣れてきたら、また別の穏やかな犬に練習を頼みましょう。並行して怖い経験を積ませないように、**散歩中に他犬と会っても「うちの犬は怖がりなんです」と言って距離を置いて**くださいね。

お困り
67

散歩中に会う犬が怖くてガウガウ！恥ずかしくて散歩が憂鬱です……

リードを引いたり抱っこしたりするとさらに吠えます。その場で落ち着かせるか、Uターンで逃げるが勝ち！

苦手な犬に会うと逃げたり隠れたりする犬もいますが、チワワやポメラニアンなどは身を守るために吠えるケースが多いですね。**恐怖を感じて「こっちへ来るなー！」と訴えていることが多い**と思います。社会化不足も理由のひとつですが、サイズが違いすぎる中・大型犬を怖がる気持ちもわかりますよね。また、犬同士にも相性があるので仲良くできないのは仕方ありません。

愛犬を道の端に寄せるためにリードを引くと興奮をあおるうえ、端に寄っているのは人間だけで犬は道の真ん中で吠えていることが多いのではないでしょうか。かといって**抱っ**

こすると、愛犬だけでなく相手の犬も興奮させてしまうのでどちらもNG。もし相手が犬を制御できているなら、愛犬をその場で座らせて通り過ぎるのを待ちましょう。飼い主さんの気持ちが犬に伝わるので**「大丈夫」と強い気持ちで見守る**こともポイント。繰り返すことで吠えが少なくなる可能性もあります。相手の犬も吠えているなら、協力して2頭を座らせて落ち着くまで待ってみて。

愛犬を落ち着かせられない場合は、**逃げるが勝ち！**「うちの犬は怖がりなんです」と愛犬のせいにしてゆっくりUターンを。愛犬が振り返りながら吠えても無視して進み、曲がり角などで相手をやり過ごしましょう。

お困り 68

落ち着いて散歩したいのに、他の犬に強気で吠えまくるので困ります……

他犬を避けてやり過ごすのが◎。改善したいなら「ロック・オン」の対処法を！

犬が吠えてからなんとかしようとする飼い主さんが多いのですが、**対処できるのは興奮度（P14）50％くらいまで**。吠えていたら80％まで上がっている状態です。その場で落ち着かせるのはあきらめて、立ち去ったほうが安全。他の犬が見えなくなってから、一息ついて休憩したあと散歩を再開しましょう。その場で抱っこして待つと相手も興奮させて迷惑をかけることになります。

改善するには、散歩中の愛犬をよく観察すること。もし他の犬が視界に入った途端にらみつけ、顔を上げて胸をはった姿勢になっていたら、攻撃的な「ロック・オン」という状

態です。**「スワレ」の指示で座らせて「NO」と言って落ち着かせましょう**。うなったり立ち上がったりしたら、**犬をまたいでリードを上下にゆっくり「トントン」と動かして**落ち着かせます。犬の足が浮くか浮かないかくらいが目安（吊り上げるとますます興奮するのでNG）。他犬に近づくとまたロック・オンの姿勢になって興奮するので、「トントン」作戦を繰り返していれば、最後にリードの合図（P70）を送るだけですれ違うことができます。

他犬が視界に入った途端、腰が引けて道の端に寄ったり人の後ろに隠れたりして吠える場合は、他犬を怖がる場合の対処法を確認してください。

お困り 69

他の犬とケンカになったら？万が一咬まれたときの対処も知りたいです

リードをしっかり握って反対方向へ全力で走って！自信があれば堂々と割って入って止めよう

犬は平和主義者ですが、価値が高いもの（食べ物、飼い主、異性、場所など）を巡ってケンカをすることがあります。フレンチ・ブルドッグのような闘犬系や興奮しやすい犬種は、急にスイッチが入って咬むことも。犬が集まる場では飼い主さんたちが愛犬をよく観察し、**雰囲気が変わったと思ったらすぐに離れる**こと。当たり前ですが、ケンカをさせないのが最善策です。

散歩中に会った犬とケンカになったら、**リードをしっかり握って反対方向に全力で走って**ください。余裕があれば、相手の飼い主さんに声をかけて反対方向へ走るよう頼みまし

ょう。愛犬が一方的に咬まれている場合は、相手の飼い主に全力で走ってもらいます。犬は咬みながら走るのは苦手なので途中で離すはず。愛犬が咬みついている場合は、前足が軽く浮くくらいまでリードを持ち上げて、離すまで冷静に無言で待ってください。「やめてー！」などと声を出すと犬の興奮をあおってしまいます。

僕は犬たちがケンカを始めたときには、格闘技のレフェリーのように堂々と割って入って止めています。自信が犬にも伝わるので「あいつにはかなわないから休戦しよう」となるんです。動じないことが大事ですが、自信がなければ無理をしないでください。

お困り 70

愛犬はとってもフレンドリーな性格。犬が好きすぎて突進するので大変です

突進はトラブルの原因。愛犬を守るためにも、相手の飼い主にあいさつさせてもいいか確認を

フレンドリーな性格は長所ですが、散歩中に誰彼かまわずあいさつに行かせるのは考えもの。もし通りすがりの人に「こんにちは！」「遊ぼうよ！」と声をかけまくる人がいたら……ちょっと困りますよね。犬が苦手な犬もいるので、**いきなり突進させるのはNG**。足を肩幅くらいに開いて背筋を伸ばし、両手でリードをおなかのあたりで持ってしっかり止めましょう。犬の興奮に引きずられないように落ち着いて、**相手の飼い主さんに「あいさつさせても大丈夫ですか？」と聞いてほしい**と思います。

いきなり突進されると怖くて吠えたり咬んだりする犬もいます。トラブルが起きたとき

には攻撃的な態度をとったほうが加害者扱いされがちですが、そのきっかけをつくったのはどちらでしょうか。相手の犬だってよくない経験を積むことになってしまいます。愛犬を守るため、**被害者にも加害者にもならないために、飼い主さんがしっかりコントロールして**ください。

そもそも愛犬は、相手に対して本当に友好的な気持ちで突進していますか？　飼い主さんからは背中しか見えないですが、鼻にシワを寄せて歯を剝く威嚇の表情を浮かべている場合もあるのです。もし背中の毛が逆立っていたら、攻撃的な気持ちで向かっていっている可能性があるのでしっかり制御を。

お困り 71

ドッグランでのびのび遊ばせてみたいけど、ノーリードだとトラブルが心配……

管理人や常連さんがいる有料や会員制のドッグランなら、ルールやマナーを教えてくれるので安心です

僕は犬を飼い始めてから毎日のようにドッグランに行っていて、犬も楽しそうにしていたので、遊ばせてみたい気持ちはよくわかります。でも、たくさんの犬がいる場へ愛犬を放すのは、最初はトラブルが心配ですよね。安心して遊ばせたいなら、**管理人がいてルールが徹底されている有料や会員制のドッグラン**がおすすめ！　実は僕が通っていたドッグランも会員制で、面倒見のいいオーナーや常連の飼い主さんがルールやマナー、しつけ方まで教えてくれたので本当に助かりました。これからドッグランデビューする初心者にもぴったりです。

無料のドッグランは気軽に利用できるのがメリットですが、管理人がいない状態で不特定多数の人が利用するので、ルールが徹底されていない施設が多いのが心配なところです。飼い主同士のトラブルや、出入り口が開けっぱなしで犬が逃げる事故も起きているので注意が必要です。

ドッグランで遊ばせるときは、犬同士の相性チェックはもちろん、人間同士のコミュニケーションが重要です。他の飼い主さんに「ここで注意することはありますか？」と尋ねて会話を。家族が楽しく過ごしていれば犬の緊張もやわらぐので、落ち着いてからリードをはずせば犬の輪に入りやすくなります。

お困り 72

ドッグカフェに行ってみたいけど、初めて利用するときの注意点は？

公園のテーブルで予行演習をしてみよう。距離を保てる広いドッグカフェを選ぶのも○

犬とドッグカフェでゆっくり食事や休憩ができたら、お出かけの楽しみが広がりますよね。いろいろな犬や人が集まる分、**ドッグランと同じようにルールやマナーを守って利用することが大切**。出かける前に、家族の食事中の愛犬を思い浮かべてみてください。そのまま自宅からドッグカフェに移っても周りに迷惑をかけないと思ったら安心です。自信がない場合は、友達を誘って公園のテーブルを使って予行演習を。

ドッグカフェデビューの際は、**なるべく店内が広いところ**を選びましょう。狭い店内では他の犬や利用者と距離が近くなり、トラブルの心配もあるからです。犬と一緒に入れる

カフェやレストランは犬が苦手な人もいるうえ、マナーへの目が厳しくなりがち。最初は利用者が犬と飼い主さんに限られるドッグカフェにしたほうが、多少でも気持ちが楽になると思います。店によって犬の居場所（床や椅子）や食器の扱い（床置き不可）などが違うので事前に規約を確認すること。

店内に入る前に、**できればトイレシートで排泄を済ませて**ください。道端での排泄は周囲に迷惑がかかるだけでなく、ドッグカフェへのクレームにもつながります。心配なら店内ではマナーベルトやマナーパンツをつけておき、リードを短く持つかリードフックに短くつないでおきましょう。

お困り 73

アウトドアや観光スポットへ、愛犬と一緒に出かけたいです！

まずはキャリーや乗り物に慣らしてから。旅行中はリードをつけて迷子と拾い食いを予防しましょう

愛犬とお出かけをするなら、まずキャリーや乗り物に慣らしておきたいですね。自立しないキャリーは横倒しや平らの状態にしてから、**いつも使っているベッドを入れて自由に出入りできる状態**にしておきます。そこでくつろげるようになったら、少しだけ持ち上げたり移動したりして慣らします。自立するキャリーなら、クレート・トレーニング（P84）を参考にしましょう。

車に慣らす際は**犬をクレートに入れ、エンジンをかけずに荷台や後部座席に出し入れ**します。慣れてきたら荷台や後部座席に**クレートを固定してエンジンをかけたり切ったり**し、

次に車を少しだけ動かしてみましょう。ドライブの時間を5分→10分→30分……と延ばします。クレートを使わない場合は犬を直接出入りさせて慣らし、ドライブの際は安全のため犬用のシートベルトなどを使うこと。電車に慣れさせる場合は犬をキャリーに入れて一駅の乗車から始めてみて。

犬連れ旅行は**楽しみとトラブルが背中合わせ**です。たとえばアウトドアでは野生動物のにおいに興奮して走り回り、迷子になる事故が起きています。移動中は散歩用のリードを必ずつけ、広い場所でもロングリードを使って。宿泊先は家族だけで過ごせるコテージや、全館犬ＯＫのホテルが安心です。

お困り
74

ペットホテルに預けると、ずっと吠えているそうです。どうにかならないでしょうか？

自宅で留守番させてペットシッターを頼むほうが不安を感じにくいもの。預ける場合は日ごろの練習が必要です

ペットホテルで吠えてしまう犬は、**家族の不在や慣れない環境など複数の原因が重なって不安が強くなって**います。特に多いのはトイ・プードルやミニチュア・ダックスフンド。変化が苦手な柴犬も不安定になりやすいと思います。不安の原因を減らすために、**住み慣れた自宅で留守番させてペットシッターに世話や散歩を頼んで**はどうでしょうか？　脱走やけがなどのトラブルを防ぐため、事前に打ち合わせして信頼できる人を選んでくださいね。愛犬とも顔見知りの家族や友人でもいいと思います。もし留守番中も吠えているなら分離不安症（P46）の対策も必要です。

ペットホテルに預けたいならぶっつけ本番はダメ。無理やり連れていくのも恐怖心が強くなるので、最初は「散歩のついでに立ち寄ってすぐ出る」を繰り返して抵抗感を減らします。次にいつでも迎えに行ける日に短時間だけ預けて様子を確認してください。実際に預けるときはクレートやキャリーに入れてそのまま預け、立ち去る姿を見せないこと。

僕は友人の犬を預かったときに問題があればこっそり対策しますが、迎えに来た友人には「おとなしくていい子だったよ〜」と言っています。本当のことを伝えて不安にさせるより、分離不安症の対策も兼ねて安心して出かけてほしいと思っているからです。

Column

5

万が一犬が逃げてしまったら……どうやって捕まえる？

「近づくと逃げる犬」には座り込み＆餌づけ作戦を試します

保護が難しい「近づくと逃げる犬」や「迎えたばかりの犬（保護犬)」を捕まえる方法を紹介します。特に大型犬を逃がしてしまうと周囲の人に危険が及びます。まずは脱走させないようにくれぐれも注意してください。

基本の脱走対策（P148）に加えて、日ごろの散歩のときに自宅が近づいたら「帰ろう、帰ろう」と言っていると条件づけされて、脱走した犬に声をかけると戻ってくることがあります。

■座り込み＆餌づけ作戦

① 犬を呼んで反対方向に走ってもついてこず見失ってしまった場合は、追いかけるのをやめて帰宅していったん冷静になる。

② 警察と保健所に電話して愛犬を逃した場所と、外見の特徴や性格などを伝える。

③ 初日は最後に別れた場所（自宅や逃げた場所）に戻ってくる可能性が高い。呼んでも戻ってこない犬に声をかけるとむしろ不安をあおるので、無言でその場に座って待つ。

④ １週間は別れた場所に座って待つ。その場を離れるときはごはんやおやつを置いていく。犬が移動しないようにその場で餌付け。

⑤ 犬が出てきたら手からおやつをあげる。いきなり手を伸ばすとまた逃げる可能性があるので無理をしない。犬が落ち着いてきたらスリップリード（首輪一体型のリード）を首にかけて保護する。

■捕獲機作戦

自力で捕まえるのが難しいと思ったら、保健所や動物保護団体、ペット探偵に捕獲機の貸し出しや捕獲のサポートを依頼。時間が経つほど見つかりにくくなるので、早めの対応が鍵になる。

Part 6

もっと もっと 知りたい 犬のこと

一緒にくらしていても、「？」がつきものなのが犬との生活。
ちょっとした疑問を集めてみました。

お困り 75

飼い始めの時期、犬は人間のことをどう思っているのでしょう？

群れをつくる動物なので家族と思っているはず。飼い主は〝保護者〟として新入りの〝末っ子〟を導いて！

犬は仲間と寄り添って生きる動物だと思います。自分が弱いことを知っているから群れをつくり、仲間や家族に頼りながらくらしているんです。知らない家庭に連れてこられても時間をかければなじむので、人間のことも仲間や家族と思っているはず。

飼い主さんの間でも「犬は家族」という考え方が一般的になりましたよね。でも、**犬は家族だけど人間ではない**ので、人間社会で安全に生きられるように、**人間社会の中で犬らしく生きられるように、飼い主さんが〝保護者〟として導いて**ください。頼れるリーダーや親のような存在になり、犬が家族の〝末っ子〟のポジションに収まるのが理想です。

でも、家族だから叱らない、末っ子だから甘やかす、これは違います。赤ちゃんが生まれたら部屋を危なくないようにして、成長したらやっていいこと・いけないことを教えますよね？　新たに同居する人にはルールを伝えますよね？　**人間と犬のくらしは「家族と末っ子」であり「種類の違う動物同士」のくらし**なんです。「犬は家族」という言葉のイメージに振り回されないでくださいね。

余談ですが、僕にとって犬は家族というより「相棒」のような存在です。これは感覚の違いなので、愛情をかけて世話をし、信頼・主従関係（P76・78）ができていれば、呼び方は仲間でも友達でも愛犬でもＯＫです。

お困り 76

家族によって犬の態度が全然違います！世話をしているのになつかないのはなぜ？

コミュニケーション能力が高いからこそ態度を変える。犬になつかれている人の態度を真似してみて！

犬が人によって態度を変えるのは、**コミュニケーション能力が高い社会性のある動物**だから。信頼関係や主従関係とは別に、**自分が生きやすいように、コミュ力を駆使している**んです。楽しい時間を過ごし、トラブルを回避し、得するように立ち回る。ちゃっかりしていると思いますか？　でも、人間だって家庭内はもちろん会社や学校、友達付き合いの中だけでも態度を変えますよね。子どもがお小遣いをくれる人を慕うように、犬もおやつをくれる人には愛想がいいもの。相手に嫌われたら何ももらえないので重要人物として扱いますが、利用している一面もあるかもしれませんね。

主に散歩や遊び、食事を担当している重要人物になつきますが、感情が安定している人、穏やかな雰囲気を醸し出している人も好かれやすい傾向があります。人間関係を観察して、家族にとっての重要人物を察してなつく犬もいます。世話をしているのに距離を置かれている場合は、犬をかまいすぎていないか、いつも慌ただしくしていないか、楽しい遊び方ができているか、**犬がなつく人と自分の態度を比べて**みましょう。

加えて、信頼・主従関係を見直してみてください。1人の飼い主になつく傾向がある日本犬、テリア系、チワワでも、ちゃんと家族や仲間だと認識してくれます。

お困り 77

犬は、いざというとき助けてくれますよね？悲しいときには慰めてくれるし……

僕の愛犬たちは助けてくれませんでした（笑）。美化しすぎは禁物だけど、話し相手にはなってくれるのでは？

犬は「人類最良の友」ともいわれます。命がけで家族を助けてくれたという美談もたくさんありますよね。僕も犬を飼い始めてから「何かあれば犬たちが助けてくれるに違いない！」と忠犬に憧れたものです。ふと試してみたくなってバタッと倒れたふりをしたところ、「急に寝ちゃったぞ」と不思議そうに見ているだけ。「早く起きろ」とでも思っていたのではないでしょうか。愛犬に体当たりされて僕がうずくまったときは「自分がやらかした」と思ったようですが、無事を確認したらどこかに行ってしまいました……。危機的状況で助けてくれるようになるには、警察犬や災害救助犬のように特別なトレーニ

ングが必要なのでしょう。**美化しすぎるのは禁物**です！

でも、**犬には感情に同調する共感力がある**ので、落ち込んでいるときに寄り添ってくれることもありますよね。たまたま隣で寝ただけかもしれないけど、都合よく想像しておいたほうが幸せです（笑）。

僕は、**犬に話しかけることでも信頼関係が生まれる**と思っています。言葉は通じなくても家族が自分に注目していることはわかるのでうれしいはずですが、長話になる場合はおやつをあげてください。話し相手ができて人は満足、おやつをもらって犬も満足。家族だからこそ持ちつ持たれつの関係も大切です。

お困り
78

いつも寝てばかりの愛犬。退屈そうなので、起こして遊んだりしたほうがいいですか？

ボーッとする時間も必要なので無理に起こさなくてOK。ただし、睡眠時間が急に変わったら動物病院へ

犬の1日の睡眠時間は、人間の約2倍にあたる15時間ほど。子犬や老犬はもっと長くて20時間近く寝ていることもあります。僕の施設では朝晩2回の散歩とごはんに加えて、遊びやしつけ（トレーニング）、自由時間などを設けていますが、**犬たちが活動するのは長くても4～5時間**。フィールドで休憩していることも多いので、退屈というよりひなたぼっこやボーッとする心地よい時間を過ごしているようです。

それに、犬は人間に比べて熟睡する時間が短い動物です。人間はノンレム睡眠（脳が眠っている）が約75%、レム睡眠（脳が起きている）が約25%ですが、犬はノンレム睡眠が

1日のタイムスケジュール（著者の愛犬の例）

6:00	起床
6:15	散歩
7:00	世話・コミュニケーション （掃除・朝食をおすそ分け・なでる・おやつをあげるなど）
7:30	食事
8:00	お手入れ（歯磨き・ブラッシング・爪切りなど）
8:30	休憩
14:00	フィールド（しつけ・遊び・トレーニング・自由時間）
17:00	休憩
19:00	散歩
20:00	コミュニケーション（夕食をおすそ分け・なでる・おやつをあげるなど）
20:30	食事
22:00	就寝

20%、レム睡眠80%とほぼ逆の割合。外敵が近づいてきたときにすぐ気づけるように眠りが浅く、**代わりに長時間の睡眠が必要**なのでしょう。サイズでいうと、小型犬より大型犬のほうがよく眠ります。

神経質なタイプ（柴犬、テリア系、ボーダー・コリー、元野犬など）は眠りが浅く、睡眠不足が問題行動につながる場合も。また、病気のために睡眠時間が変わったり、ストレスで足や体をなめ続けたりすることがあります。ジョギングや引っ張りっこ遊びで運動の時間を10分間増やすだけで改善するケースもありますが、念のため動物病院を受診してください。

お困り

79

家族よりも近所の人のほうが好き！大喜びする愛犬を見ると、複雑です

ときどき会える人のほうが特別感があるからかも。おもちゃやおやつで飼い主の魅力を上げてみましょう

いつだって愛犬にとってのいちばんでありたい、というのが飼い主さんの願いではないでしょうか。ところが家族が帰宅しても知らん顔なのに、近所の人に会えば耳を倒して喜び、来客のときはしっぽをブンブン振るという犬もいます。いつも一緒にいる家族より、ときどき会える人のほうが特別感があるから喜び方が違うのは仕方がありません。人間だって友人とは会話が弾みますよね。特にフレンドリーで好奇心旺盛なタイプは目新しさに惹かれるので、初対面の人にも家族を置き去りにしてあいさつに行くでしょう。あとは、犬にとって**「飼い主さんがマンネリ化」している**のが一因かも。でも、マンネ

りってそんなに悪いことではないと思うんです。**犬が気を使わず平常心でいられる存在になっている**わけですよね。

それでもなんとかしたいという人は、特別感のある飼い主を目指しましょう！ 刺激や興奮がなく、新鮮味もないのが原因なので、おもちゃやおやつなどの**「特別感のあるアイテム」を使ってご自身の魅力をプラス**してください。マジシャンのようにサッと取り出したほうが「次はいつ出てくるかな？」と犬が常に期待するようになります。もし犬と一対一でも無視される状態なら、信頼関係づくりから。一緒に生活しつつ距離を置くことで犬から寄ってくるのを待ってみてください。

お困り
80

うちの犬はヤキモチを焼いたり、ウソをついたりするのですが大丈夫？

「かまってほしい」というアピールがヤキモチに見える可能性あり。ウソはつけないけどごまかすことはあるかも？

飼い主さんが他犬をなでているときに吠えたり、仲良くしている家族の間に割り込んだりすることがあります。大好きな人の愛情が他に向くから怒っているならヤキモチ（嫉妬）ですが、**「自分をかまってほしい」とアピールしているだけ**かも。僕が犬と散歩に行こうとすると残った犬が騒ぎますが、「そいつだけずるい」というより「僕も行きたい」と訴えている気がします。本当にヤキモチを焼いているなら、競って優等生のふりをすると思いますし。

犬は群れをなす動物なので、家族や仲間との関係を大切にします。家族でありリーダーで

ある飼い主さんの愛情が自分から離れたように感じて、**取り戻すためにアピールする様子がヤキモチに見える**のではないでしょうか？　飼い主さんが常に愛犬を優先できるとは限らないので、**ときには無視したり別々に過ごしたり**しましょう。

犬はウソをつけませんが、イタズラなどをごまかすことはあります。「しまった」とごまかす犬とは、主従関係ができているんです。あなたも、何か後ろめたいことを見つかったらごまかすでしょう？「別にいいだろ」と開き直る、「見て見て」と自慢するようなら、主従関係に難あり。人と犬とは違う動物ですが、似ているところもあるんです。

まだまだ知りたい！
Q&A
問題行動編

犬との暮らしは「あれもこれも知りたい」の連続です。本章に載せきれなかった、飼い主さんの疑問をまとめました。

問題行動がある場合は絶対に直さないとダメ？

周りに迷惑をかけなければ十分。個性の範囲だと考えてもいいものもあります

飼い主さんが許容できる行動なら個性の範囲なので、周りに迷惑をかけていなければ無理せず直さなくてもいいと思います。食事中にうなるのは本能だから仕方ない、リードを引っ張られながらの散歩が楽しい、おやつごと手をちょっと咬まれても食いしん坊ぶりがほほえましい……そんな考え方もありますよね。ただシニアになったときの介護に備えて、最低限の「体を触れる練習」をしておくことはおすすめします。

ポチパパさんのYouTubeの動画を見て真似してもうまくいきません！

動画では、犬に合わせて対処法を変えています。愛犬に似た犬の動画を参考にしてください

僕が運営しているYouTubeチャンネル「保護犬達の楽園」では、犬の問題行動の対処法の動画を公開しています。犬の性格や生い立ち、問題の理由に合わせて方法を細かく変えているので、みなさんの愛犬に当てはまらないこともあるかもしれません。動画ではその犬の性格やくらしについても説明しているので、愛犬に近いタイプの動画を参考にしてくださいね。

「犬の問題行動改善の会」では、個別の相談も受け付けています（有料）。アドバイスとしてひとつ挙げるとすれば、飼い主さんは無言で落ち着いて接し、自信を示すこと。悩んでいる人から試しに動画を送ってもらうと、ほぼ全員があせって「NO！」「大丈夫！」と連発しているんです。パニックになって無意識に口から出てしまうようですが、冷静になるだけで犬の興奮度が下がり、問題を改善しやすくなりますよ。

動物保護団体から
おとなしい保護犬を引き取ったのに
咬まれました！

環境が変わった恐怖に
よるものがほとんど。
安心させれば咬まなくなるはず

これは、その保護犬が咬むタイミングによって理由と対処法が変わります。あきらめないで試してみてください。

●保護施設にいるときから咬む犬
「～するな！」という強気の主張が多い。主従関係を結ぶことで改善する。
●迎えてから翌日～２週間後に咬む犬
保護施設ではおとなしかった犬が、環境が変わった恐怖で咬むようになることも。安心できる環境をつくって信頼関係を結べば咬まなくなることがほとんど。
●迎えてから２週間以上経って咬む犬
飼い主さんの接し方を見て主張を通せると思って咬むようになることも。家族会議で全員が一貫性のある態度で接し、信頼関係と主従関係を結べば収まることが多い。

ときどきうなって
くるんだけど
放っておいても
大丈夫？

犬にとってはコミュニケーションの手段。
もし困るようなら対処を。

犬がうなるのは主張ですが、必ずしも悪いわけではありません。フード・アグレッシブ（P26）のような問題行動に飼い主さんが困っているなら対処は必要ですが、もしなでているときにうなるなら、「なでるのをやめて」とスキンシップを終わりにしたい意思表示なので、いわばコミュニケーションの一環。休みたいのになでられていたら人間だって落ち着きませんよね。「咬む」という最終手段の前に知らせてくれるなんて、むしろ気遣いができる犬だと思います。

「信頼関係」と「主従関係」って大事なのはわかりますが、なんだか難しそうです……

飼い主さんはまず自分中心に過ごしてみて。犬はそれを見て「頼れる！ 任せよう！」と思うはず

犬は自分が弱いことを知っているからこそ自信がある人に惹かれ、信頼関係と主従関係を結ぼうとします。犬が「この人は頼れる！ 任せよう！」と決めるものなので、飼い主さんのほうが「頼って！ 任せて！」とかまってもダメ。

自信を態度で示すのが難しければ、とにかく家族全員が各自自分中心に生活してみてください。犬の世話は食事や散歩さえすればよいので、あとはいかに自分が楽をするか考えてくらしましょう。犬に縛られない生活を送るうちに自然とゆるがない態度が身につき、犬から関係を結ぼうとして寄ってくることが多いようです。

関係ができたあとはどうすれば上手にキープできますか？

一度結んだ関係はそうそう崩れません。がんばりすぎなくて大丈夫です！

信頼関係と主従関係をしっかり結べれば、そう簡単には崩れません。犬は「これをしたら『NO』と言われそうだな」と自分で学んで、飼い主さんが困ることをしなくなり、行動を訂正する機会も減っていきます。

だから、関係ができたあとは気を張らず適当でもいいと思っています。僕の愛犬たちは呼んでも来ないし、散歩での歩き方もほめられたものではないですが（笑）、ここぞというときの「NO」や指示にはしっかり従いますよ。

忠犬と言えば日本犬のイメージですが どんな犬にも飼い主への 忠誠心がありますか？

「飼い主に対する尊敬」と考えるなら 忠誠心が強い犬は限られるかも

忠誠心を「相手に従う気持ち」とすれば主従関係と似ていますが、犬なりの尊敬や遠慮も含まれるような気がします。

［忠誠心がある犬の行動の例］
□ソファでくつろぐ犬に近寄ると「どきますからどうぞ」と譲る
□寝転がりながらふざけて犬をひざにのせれば「重くてすみません」と下りる
□散歩に行きたいと思っても飼い主さんがアクションを起こすまで待つ

忠誠心が強めなのは柴犬以外の日本犬、フレンチ・ブルドッグ、ジャーマン・シェパード・ドッグだと思います。柴犬は自分のことで手いっぱいで飼い主さんを気遣う余裕がないときがあるようです。他の犬も、意外と損得勘定をちゃっかりするタイプが多い気がします。でも家庭犬としてくらすなら、忠誠心があってもなくても問題はありません。

人目が気になって、犬に声をかけるのが恥ずかしいんですが……

いつでもどこでも「天才!!」と 大絶賛できるくらい 犬にのめり込んでみましょう！

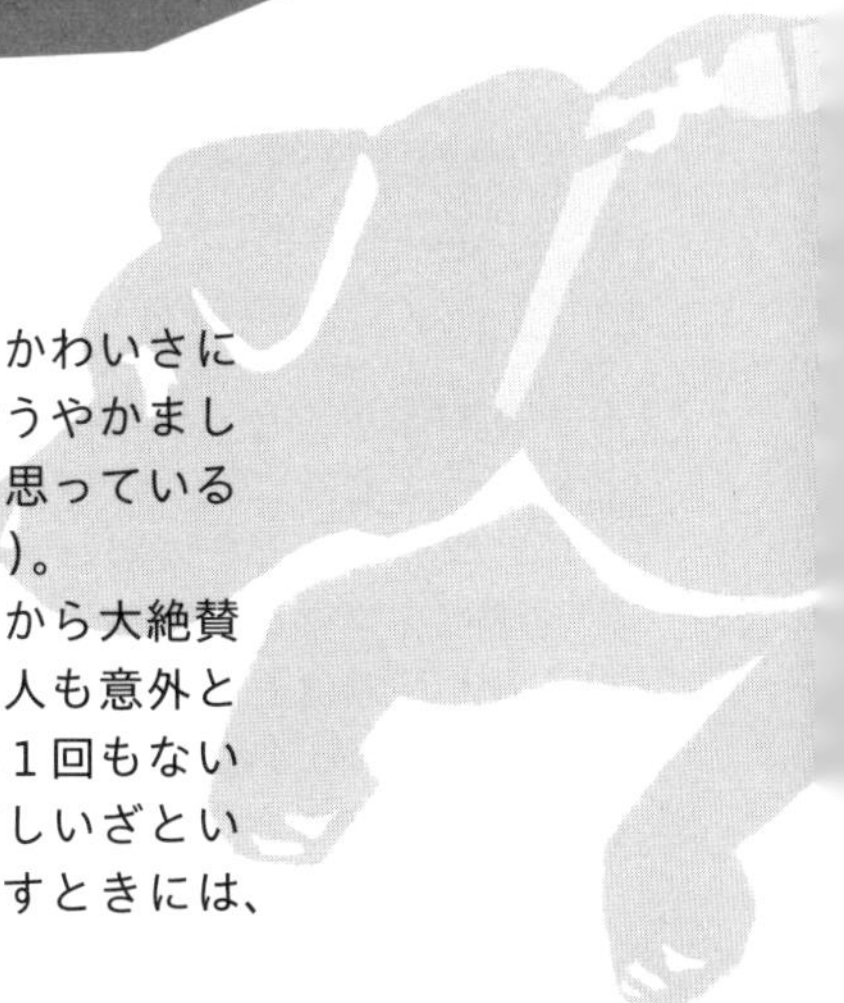

僕は47歳のときに初めて犬を迎えてからあまりのかわいさにのめり込み、ひたすら犬に「賢い！」「天才！」と言うやかましい人です。「犬に声をかけるのが恥ずかしい」なんて思っているうちは、単に犬を飼っているだけだったりして（笑）。
犬が家族や仲間のような存在になれば、自然と口から大絶賛の言葉が出てきますよ。赤ちゃん言葉になっちゃう人も意外と多いですね。僕は周りの人に変だと言われたことは１回もないので、安心してどんどん話しかけてください。ただしいざというときに犬を守るための「NO」の言葉や指示を出すときには、“保護者”の態度を忘れないでくださいね。

これから子犬を迎える予定です。選ぶときに注意すべきことを教えてください！

犬の平均寿命は約15年。性格や健康状態をよく見きわめてください

純血種の子犬を迎えるときに飼い主さんが気にするのは、①犬種②予算③サイズではないでしょうか。

でも、小さくてかわいいのに問題行動を起こしやすい犬や、安く購入したとしても医療費がかかる犬もいます。15年近く一緒にくらすことを考えたら、性格や健康状態を確認するほうがよほど重要です。

ただこれを初心者が見分けるのは難しいので、犬に愛情をもって繁殖しているブリーダーに聞いたほうが確実。まずは気になる犬種のブリーダーにケネル（犬舎）の見学を申し込んでみましょう。

子犬の保護犬もいるので、犬種にこだわりがなければ行政や動物保護団体の譲渡会をおすすめします。

散歩のときに横を歩かせる「リーダーウオーク」をずっと続けたほうがいいですよね？

散歩のスタイルに決まりはありません！主従関係ができたあとは自由に歩かせてあげて

主従関係ができるまでは、飼い主さんが主導権を握っていることを伝えるためにできるだけリーダーウオークを続けてください。関係ができたあとは犬を自由にさせておいても日常生活に支障がなくなるので、散歩のスタイルは何でもOKです。常に左を歩かせるような型にはめた散歩をする必要はありません。

ただし、他の犬とすれ違うときやゴミが落ちているところを歩くときは、犬を守るためにリーダーウオークをすると便利。苦手な犬や物に近づくときには、飼い主さんの30cmほど後ろを歩かせたほうが落ち着く場合もあります。

犬に「NO」と言っても全然言うことを聞いてくれません！

「NO」は魔法の言葉ではありません。自信をもって強い口調で言うことが大事！

犬の行動を止める「NO」は、なんでもかなう魔法の言葉ではありません。僕は犬に伝わる「NO」を使えるようになるまで数年間も試行錯誤を続けて、「声のトーンを低くスピードをやや遅く、表情と姿勢のボディランゲージで自信を示しながら言う」という方法にようやくたどり着きました。テレパシーを使えるような気持ちになって、内心で「やめなさい！」と強く思ったほうが声や態度にも現れて犬に伝わりますよ。最初はホームリードをつけて「NO」と言いながらリードの合図をつけ、犬に止まることを教えたほうがスムーズです。

指示を教えたのにちゃんとできないのはなぜ？

学習意欲は犬種や個性によります。多少できなくたって、最高の愛犬だと胸をはってほしいです！

犬種や個性によって指示を習得する意欲やスピードに違いがあります。もともと軍用犬として使うために生み出されたジャーマン・シェパード・ドッグはやはり勉強熱心で、飼い主の指示にキビキビ従うのも得意。一方、皇帝や貴族の愛玩犬にルーツを持つパグやシー・ズー、キャバリアなんかはおっとりしていて、覚えている指示でも実行するのは３分後みたいなところも愛嬌ですよね。

僕の愛犬たちは「スワレ」と言っても「はて？」と知らん顔ですが（笑）、そんなとぼけたところも最高にかわいいと思っています。自分がよければどんな犬も名犬です。他の犬と比べすぎないようにしてくださいね。

おわりに

本書を読んでくださった方には、犬の問題行動が実は「人間にとっての問題」であることがわかっていただけたと思います。本能も習性も生活習慣も違う動物同士が、ひとつ屋根の下で一緒に生きていこうとすれば何らかのトラブルや不具合が生まれるのは、ある程度仕方がありません。だからといって、問題を解決するために人間側の都合ばかり押しつけたら犬が大変です。

みなさんが犬の群れの中でくらすことになったら……と想像すれば、家庭で人間とくらす犬の苦労がわかりますよね。逆に犬側に合わせようとしたら人間だって大変な苦労をしなければならないと思います！

僕は、犬と人間が「お互いにちょっとだけ我慢する」ことで、調和したくらしが送れるようになったらいいな、と思っています。犬にとってはこの「ちょっとだけ我慢」が難しいこともあって、そういうときは大きな問題になる前に飼い主さんに小さなサインを出していることがほとんどです。それが表情やしぐさなどのボディランゲージであり、日常のお困り行動です。

飼い主さんと同じように、犬だって困っているからそういう行動をとってしまうというわけです。

今、犬のことでどうしたらいいだろうと悩んでいるあなたは、犬が送っているサインに気づいてなんとかしたいと考えている、とってもすばらしい飼い主さんだと思います。僕が紹介しているポチパパ流のしつけや問題行動の改善方法は、犬と人間が共生していく方法を、飼い主さんが愛犬に教えるための手段です。

僕の代わりにあなたが愛犬に人間側のルールをわかりやすく伝えて、お互いに「ちょっとだけ我慢」ができるようになれば解決すると思います！

本書はくらしの中にある犬にまつわる悩みごとを「何とかしたい！」と思っている飼い主さんに向けて、今すぐ始められる工夫をまとめました。犬を迎えたばかりで悩んでいる方、愛犬の問題行動に初めて直面した方が、なるべく安全に実践できるように、道具を使った方法やその場をなんとか収める対応を中心に提案しています。

それで当面の悩みが解決できたら、ぜひ根本的な解決を目指してください。本書でも繰り返し出てきますが、犬との「信頼関係」と「主従関係」をぜひ見直してみてくださいね。何も力ずくで犬を従わせたり、体罰で言うことを聞かせる必要はありません。

小さな問題から対処して飼い主さんが自分に自信をつけ、犬への理解も深められれば、きっと幸せなドッグライフがかないます！

2023年5月　北村紋義

参考文献

『どんな困った犬もこれで大丈夫！ 体罰ゼロのポチパパ流 犬のしつけ大全』
北村紋義 著／KADOKAWA

『どんな咬み犬でもしあわせになれる 愛と涙の“ワル犬”再生物語』
北村紋義 著／KADOKAWA

『ザ・カリスマ ドッグトレーナー シーザー・ミランの犬と幸せに暮らす方法55』
シーザー・ミラン 著　藤井留美 訳／日経ナショナルジオグラフィック社

『ザ・カリスマ ドッグトレーナー シーザー・ミランの 犬が教えてくれる大切なこと』
シーザー・ミラン、メリッサ・ジョー・ペルティエ 著
藤井留美 訳／日経ナショナルジオグラフィック社

『あなたの犬は幸せですか』
シーザー・ミラン 、メリッサ・ジョー・ペルティエ 著　片山奈緒美 訳／講談社

『しつけの常識にしばられない 犬とのよりそイズム』
中西典子 著／緑書房

『小型犬から大型犬まで、現役獣医師が犬種別の悩みも解説！ いぬ大全304』
藤井康一 著／KADOKAWA

『犬にウケる飼い方』
鹿野正顕 著／ワニブックス

『「困った行動」がなくなる 犬のこころの処方箋』
村田香織 著／青春出版社

『はじめよう！ 柴犬ぐらし』
西川文二 監修　影山直美 マンガ・イラスト／西東社

『はじめてのプードルとの暮らし方』
プードルスタイル編集部 編／日東書院本社

Special Thanks：umeco（ミニチュア・シュナウザー）

北村紋義（きたむら あやのり）

ドッグメンタリスト（問題行動犬専門家）、ドッグスクールポチパパ代表。2012年から犬の愛護活動を始め、とくに難しい凶暴犬、問題行動犬、大型犬、野犬などの保護活動に力を入れる。犬の心理学、行動学を学び、数多くの咬み犬の矯正訓練、犬の問題行動改善トレーニングを経て、犬の問題行動専門のドッグトレーナーとして活動中。力や恐怖による服従訓練などは一切行わず、おやつなどのごほうびも極力使用せず、正面から問題を持つ犬と向き合う様子を、YouTube「ポチパパちゃんねる 保護犬達の楽園」にて配信、25万人が登録する人気チャンネルとなっている。初めて迎えた愛犬の名前が「ポチ」だったことから、「ポチパパ」の愛称で親しまれる。

YouTube @pochipapa

体罰《たいばつ》ゼロのポチパパ流《りゅう》　犬《いぬ》のしつけ大全《たいぜん》
お困《こま》り行動解決編《こうどうかいけつへん》

2023年6月1日　初版発行

著　者　北村《きたむら》　紋義《あやのり》

発行者　山下　直久

発　行　株式会社KADOKAWA
〒102-8177　東京都千代田区富士見2-13-3
電話0570-002-301（ナビダイヤル）

印刷所　大日本印刷株式会社

製本所　大日本印刷株式会社

●お問い合わせ
https://www.kadokawa.co.jp/（「お問い合わせ」へお進みください）
※内容によっては、お答えできない場合があります。
※サポートは日本国内のみとさせていただきます。
※Japanese text only

定価はカバーに表示してあります。

ISBN978-4-04-606325-0　C0045